瘋潮行銷

華頓商學院
最熱門的一堂行銷課！

6大關鍵感染力，
瞬間引爆大流行

CONTAGIOUS

Jonah Berger
約拿・博格——著

陳玉娥 譯

Why
Things
Catch On

CONTENTS

CONTENTS

各界推薦

對行銷人員來說，恐怕無不希望產品或服務能夠引起瘋狂的口碑討論，並帶來驚人的銷售成果。但是要做到這件事實在很不容易，究竟要如何下手？約拿・博格在書中提出帶來「瘋」潮的六大感染力來源，分別是社交身價、觸發物、情緒、曝光、實用價值、故事。他也舉出許多實例佐證，介紹了背後的消費者心理，讓你明白這些口碑瘋潮發生的原則，也讓行銷人員在打造口碑的時候有更清楚的操作方向。雖然有了方向，並不代表就能成功打造出瘋傳的口碑，但是這六大感染力的原則，確實為良好的口碑宣傳打下成功的基礎。

——外商品牌經理人　Louis

現代人一天接收的資訊已經超過唐朝楊貴妃一輩子的資訊，當虛擬跟實體的世界已經開始重疊的時候，社群、廣告、公關、產品包裝、店頭的陳列、實體或虛擬的活動，都是消費者和品牌的接觸點，可以是口碑的起點、節點或終點，也可能是完全沒有關聯的點……行銷的舞台看起來更大，但也因此成功的機率越來越低。《瘋潮行銷》談產品面也談品牌面，有戰術也有戰略，千萬不要一次或一天就看完整本書，嘗試讓STEPPS進入你的思維，並應用在你的行銷日常，呈現在你的產品跟品牌裡，你會發現你可能也不斷在創造那個「潮」，創造那個「恆久」，讓產品化為品牌，既潮且恆久，最終成為經典。

——李奧貝納集團執行長暨大中華區總裁
黃麗燕

約拿．博格富創見又有深度，野心與俏皮兼具。看他的研究，如同在美術館鑑賞傑作，觀賞者能獲得生命的嶄新洞見，同時又可感受其巧思與創意。他善用社會科學來闡釋生活中尋常與不凡的事物，難有出其右者。

——杜克大學心理學與行為經濟學教授
《金錢心理學》（*Dollars and Sense*）共同作者
丹．艾瑞利 Dan Ariely

為什麼有些訊息似乎能一夕傳開，有些卻銷聲匿跡？為什麼有些產品無所不在，有些卻無人青睞？約拿．博格知道這些問題的答案，而讀完《瘋潮行銷》，我們也明白了。

——《為什麼我們這樣生活，那樣工作？》（*The Power of Habit*）作者

查爾斯．杜希格 Charles Duhigg

如果你正設法創造更大聲勢，預算卻又很少，你便需要這本書。《瘋潮行銷》會教你如何讓產品引爆「瘋」潮。

——《關鍵時刻》（*The Power of Moments*）、《黏力》（*Made to Stick*）共同作者

奇普．希思 Chip Heath

約拿．博格是世上最懂得如何讓訊息「瘋傳」的人。

——哈佛大學心理學教授、《快樂為什麼不幸福》（*Stumbling on Happiness*）作者

丹尼爾．吉伯特 Daniel Gilbert

約拿・博格是少數鑽研事實、解析真相的人——他所做的突破性研究，連專家都扭轉了思維。如果今年你只讀一本如何讓訊息流傳的書，必定就是這一本。

——口碑經紀（BzzAgent）公司執行長

「口碑行銷協會」（Word of Mouth Marketing Association）共同創辦人

戴夫・巴爾特Dave Balter

《瘋潮行銷》蘊含了許多令人關注（而且顛覆直覺）的真相與洞見……其中最饒富趣味的，莫過於博格列舉的各個成功與失敗的行銷實例。

——《波士頓環球報》（*The Boston Globe*）

格蘭・奧修勒Glenn C. Altschuler

一部感染力十足的病毒行銷論述……博格以明快又引人入勝的書寫風格，巧妙闡釋了認知心理學與社會行為的交集，並著眼於協助商業與各界人士散播訊息與理念。他破解了無數令人費解的流行文化「瘋」潮，造就這本實用又有趣的入門寶典。

——《出版人週刊》（*Publishers Weekly*）

這本書讀起來很有樂趣。博格所舉的案例都很應景又貼切，所提出的原則實用又易懂……我很篤定，這本書絕對會走紅。

——《基督教科學箴言報》（*The Christian Science Monitor*）

班・弗雷德瑞克 Ben Frederick

本書可說是麥爾坎・葛拉威爾《引爆趨勢》（*The Tipping Point*）的實用版。

——《探索》（*Discover*）雜誌

塔莎・艾琴席兒 Tasha Eichenseher

一名行銷鬼才，為訊息如何能夠「瘋傳」寫下注解（網路也幫了大忙）。

——《詳情》（*Details*）雜誌

讀來輕鬆、愉悅，書中案例十分引人入勝……如果底下有「讚」的按鈕，你大概就會按下去了吧。

——《金融時報》（*Financial Times*）

延。

本書提供了有趣洞見，說明究竟是什麼因素，能讓想法、影片、廣告或產品散播蔓延。

——《紐約時報》（*New York Times*）

《瘋潮行銷》解析了訊息產生感染力道背後的祕密。

——《今日美國》（*USA Today*）

（博格）為看似熟悉的現象帶來全新的視野，精準地揭露了理念與產品何以能夠風行……給行銷人士作為範本，《瘋潮行銷》是一佳作。

——《快公司》（*Fast Company*）

本書專為外行人所寫，那些不知該用什麼方法才能在社群媒體上癮、注意力短促的世界引爆衝擊力的人，本書能啟發你許多想法。

——《洛杉磯時報》（*Los Angeles Times*）

華頓商學院行銷學教授博格，解釋了潮流如何形成，以及為什麼某些產品、理念與行為，能獲得**社交身價**。他主張，祕訣在於把產品變成話題，讓它口耳相傳。臉書與推特能幫得上忙，但出乎意料的是，博格指出：「只有七%的口碑是在網路上形成的。」博格使用**STEPPS**口訣，來描述一套讓產品或理念瘋傳的力道。作者組了一個研究團隊，分析為何有些產品能夠打開市場，而其他看似一樣好的產品卻行不通。一件物品，大家記得住，就會形成**社交身價**。博格舉的其中一例，是起司牛排三明治，強調內含神戶牛排與龍蝦，一份可賣到一百美元。**觸發物**則可能是偶發性的連結。他解釋，一九九七年中期，火星巧克力棒突然爆紅，因為當時拓荒者號登陸火星，NASA登上新聞。引發**情緒**的內容，則讓人受到刺激而增強記憶度。引發快樂或悲傷的情緒，都不如好笑的內容那麼容易被分享出去。**曝光**指的是，一般消費者會因為某個言論或物品大受歡迎，而對它感到心安的一種機制。**實用價值**是基本要件——這就是為什麼實證宣傳很有效，而折扣與折價券那麼有賣點。最後，必須用個好**故事**來包裝一切。博格在本書中，提供了許多有趣又生動的實例，就像麥爾坎．葛拉威爾的著作或《蘋果橘子經濟學》一樣。本書顛覆傳統，把探討焦點從網路傳播科技轉向人性要素，並大膽闡述「口碑和社會影響力如何運作……（而且）可以（用來）讓所有產品或理念爆發『瘋』潮」。

——《科克斯書評》（*Kirkus Reviews*）

博格既知性又富樂趣地呈現其主張，探討為何有些產品或理念能贏得口碑，引發大家的興趣並瘋傳，但有些卻不行。本書由某種程度來說，也很有掀起「瘋」潮的能力。這本出色又發人深省的書，讓人停不下來；這些取自各行各業的故事，特別是描繪新興社群媒體應用的案例，極其引人入勝。博格介紹了六個重要元素**STEPPS**，能促使產品或理念蔚為「瘋」潮：他們必須有**社交身價**；必須有**觸發物**、**情緒**、**曝光**、**實用價值**；而且還得有個能被口耳相傳的**故事**。讀者不必具有商業或行銷背景，也能看懂這些內容。論點中巧妙融入了科學數據，更具說服力。強力推薦。

——《圖書館月刊》（*Library Journal*）

我們都對某些概念的影片之類的素材四處瘋傳習以為常，然而那究竟是怎麼發生的？博格發現了六項原則，只要其中之一或聯合起來運作，就能讓所有事物引爆「瘋」潮。這些原則包含**社交身價**（一間餐廳因很隱密而出名）；**情緒**（蘇珊大嬸在選秀節目初試啼聲的影片在YouTube爆紅，因為那讓人看了情緒激動）；**觸發物**（人們在星期五上網搜尋〈星期五〉這首歌的比率遠高於其他日子）；以及**實用價值**（某人示範三兩下把玉米粒剝淨的影片瘋傳，因為那很實用）。作者所談到的案例，有些或許顯而易見，但也有很多不為人知的商業內幕（例如蘋果內部的菁英爭論筆電上的公司logo應該朝哪個方向：從使用者角度看起來是正面比較好，還是讓對面注視筆電上蓋的人看起來是正面比較好？）。這些決定影響了產品的命運。這是本引人入勝又不時出人意表的書。

——《Booklist》書評

FOREWORD

推薦序 口碑傳播101

AppWorks董事長暨合夥人、台灣大哥大總經理　林之晨

在美國大學的傳統裡，一個學科的入門課程通常稱為101。雖然約拿・博格教授在華頓商學院的這門行銷課，課名就跟這本書的英文版名字一樣，都叫做「Contagious」，也就是「富感染力」的意思。但如果用較傳統的方式命名，它應該可以被稱為「口碑傳播101」，也就是一堂口碑傳播入門課。

自有人類以來，我們就透過口耳相傳的方式接力遞送訊息。我們習以為常的「大眾媒體」，是相當晚近的發明——報紙的大量普及才不過四百年左右，雜誌約三百年，廣播一百年，電視則只有七十年。隨著近二十年網路與智慧型手機的興起，人們對大眾媒體的依賴才又開始逐漸減少，也因此報社、雜誌社陣亡的不在少數，電台與電視台也紛紛陷入苦

戰。

另一方面，網路為口碑傳播另闢蹊徑，促成社群媒體的興起壯大。上從電子郵件、臉書、即時通訊軟體，下至部落格、討論區、YouTube，這些都是人與人直接溝通，直接傳遞訊息的管道。

所以我們處在一個大眾媒體的影響力愈來愈小，消費者的注意力愈來愈往社群媒體移動的時代，因此過去一百多年來幾乎是順著大眾媒體發展的諸多行銷邏輯，必須重新被檢視。

行銷人必須回頭去重新瞭解社群媒體，以及如何透過社群媒體感染消費者，提升品牌好感度，增加購買意願，創造行銷上的正循環。

這不是一件容易的事情，畢竟口耳相傳是很難控制的媒介——如果你還記得司迪麥廣告，在鋼琴上「睡著」的貓，一群人傳話到最後，竟然變成貓「昏倒」了。消費者是人，人是感性與理性並存的生物，與品牌互動後，他們會有什麼感受、轉過身去會不會跟朋友描述互動後的經驗、會如何描述，這些環節大都不是行銷人可以百分百掌握的。

雖然不能掌握，但不代表我們無法影響「口耳相傳」的形成。事實上，近年來，有愈來愈多消費者心理學相關研究，都在嘗試解開這個謎團。

《瘋潮行銷》就是華頓商學院行銷學教授約拿．博格把他對「口碑」的研究成果，整理成冊，分享出來的知識。我稱這本書是「口碑傳播101」，因為它淺顯易懂，可以讓讀者很快就能掌握口碑傳播的全貌，以及中間的種種珍貴know-how。

約拿．博格教授將具感染力的產品、傳播訊息拆解成**社交身價**、**觸發物**、**情緒**、**曝光**、**實用價值**、**故事**等六大要素，也就是所謂的STEPPS架構，接著再用案例逐一闡明每一個要素對感染力的影響，以及實務上該如何應用這六大要素協助你提升自家產品或品牌的口耳傳播力道。

當然，並不是讀完本書後，你馬上就能搖身一變成為口碑傳播大師。口耳傳播畢竟是社會學，必須在實作中不斷地去觀察人群的反應，再從反應中不斷去修正你的做法，然後才能精進你的功力。但如果你對口碑傳播或社群媒體有興趣，我認為約拿．博格的《瘋潮行銷》絕對是很好的開始。如果你已經是社群媒體經理人，那你會和我一樣，發現他提出的STEPPS框架，可以讓你很有效率地檢視每個行銷活動的設計。

現在，就讓我把麥克風交回給約拿．博格，讓這位華頓年輕活躍的行銷學者帶著你，好好地體驗一場充滿感染力的旅程。

INTRO.

引言—設計話題，引爆瘋潮

二〇〇四年三月，霍華·韋恩（Howard Wein）在搬到費城之前，已經在服務業累積了豐富傲人的資歷。他擁有飯店管理的MBA學歷，為喜達屋酒店集團（Starwood Hotels）建立起W品牌（W Hotel），而且身為該集團餐飲總監，負責管理數十億美元的餐飲營收。不過他不再眷戀大企業與高位，反而嚮往一個單純的精緻美食餐廳環境。於是他決定轉戰費城，負責一家新開幕的豪華牛排餐廳「巴克利頂級牛排」（Barclay Prime）的設計與開幕營運。

巴克利牛排餐廳的經營理念很簡單，就是要給消費者所能想像到的最美好牛排餐廳體驗。餐廳座落於費城市中心最精華的地段，大門燈光朦朧地照射在鋪設的大理石地板上。餐椅不採用傳統的硬質材，客人舒適輕鬆地坐在長毛絨沙發上，圍繞在一個大理石小餐桌旁。光潔如鏡的長吧檯供應的是雞尾酒蝦和魚子醬。主菜單上的精緻佳餚像是松露薯蓉和海鈞比目魚等，新鮮食材都是由聯邦快遞（FedEx）直接自阿拉斯加連夜送達。

不過，韋恩也曉得光是餐點好、氣氛佳還不夠。畢竟，餐廳一間間地開，卻也一間間地倒，有二五%的餐廳開幕不到一年就關門大吉，有六〇%也會在頭三年經營不善而退出市場。

餐廳歇業的原因千奇百種。營業支出費用龐雜，從餐盤上的食物，到公司上下裡外的員工，採購的、掌廚的，到端菜上桌的一切人事物，通通要花錢。加上餐廳林立，競爭對手多如過江之鯽。在美國大城市中，每有一家新的小餐館開張，附近就有另外兩家競爭者冒出來。

跟其他多數小企業、小商家一樣，餐廳業者也面臨著知名度這個大問題。光是要讓人們提起有一家新餐廳開張（還不到有人說它餐點好吃，值得品嚐），就已經是一場硬戰了。而且不像韋恩之前工作的連鎖大飯店，多數餐廳都沒有資源可以打廣告、做行銷活動。它們的成功要靠人們的口耳相傳，靠口碑。

韋恩知道他必須引爆話題。費城知名的高檔牛排餐廳已經有十來家，巴克利牛排必須在強敵環伺下竄出頭來。他需要可以突破重圍的利器，讓人們覺得這個品牌有其獨特之處。但這個利器是什麼？他要如何引爆話題？

一百美元乳酪牛排三明治風靡全美

一百塊美金的乳酪牛排三明治怎麼樣？

一般的費城乳酪牛排三明治價格約在四至五美元間，在城裡好幾百家三明治店、漢堡店和披薩店隨處都買得到。乳酪牛排三明治的做法不難，在烤盤上剁一些牛排肉，鋪在特大號三明治麵包裡，再放上一些融化的帕芙隆乳酪（Provolone），或擠上維滋牌乳酪醬（Cheez Whiz）就成了。它是當地一道美味速食，但絕對稱不上是高級饗宴。

韋恩心想，他可以想辦法製造話題——把平民美食變成金字塔頂端的高檔料理，將它的身價抬高至令人咋舌，鬧一點新聞版面。於是，他展開了乳酪牛排三明治麻雀變鳳凰的計畫。在餐廳現做的奶油麵包上，塗上一層自製芥末，牛肉採用油花分布完美的薄切神戶牛排肉，再加上焦糖洋蔥、原種非基因改造番茄薄片、高乳脂塔雷吉歐乳酪（Taleggio），最後搭配野生黑松露切片和奶油浸煮緬因波士頓龍蝦尾。而且為了讓這道料理更氣派，上菜時還搭配了一瓶冰法國凱歌香檳酒。

反應佳評如潮，讚嘆不斷。

人們不僅上門品嚐這道三明治，更紛紛奔相走告。有人建議民眾趕快「衝第一搶頭香……這樣你就有最勁爆辛辣的第一手消息了」，有人給這道三明治下的評語是：「……實在是筆墨難以形容。沒有人可以把這些頂級食材湊在一起，卻有辦法做出最高檔的美味佳餚。它簡直可以稱為『黃金』料理。」而且從這道三明治的價錢來看，它幾乎真的就像黃金一樣高貴，而且美味極了。

韋恩創造的不只是另一道乳酪牛排三明治，更創造了一個成功的發燒話題。

真的奏效了！一百塊美金的乳酪牛排三明治的話題不斷延燒，幾乎人盡皆知。隨便找一個光顧過巴克利牛排餐廳的人，即使他們沒有點乳酪牛排三明治，大多數的人也一定會提到它。就算沒有吃過這家餐廳，它也是費城人津津樂道的話題。這個沸沸揚揚的話題實在太具有新聞價值了，《今日美國》（*USA Today*）、《華爾街日報》（*The Wall Street Journal*）等媒體都爭相採訪報導，探索頻道的《美國美食榜》（*Best Food Ever*）節目也來拍攝，足球金童貝克漢（David Beckham）來到費城時也特地登門大快朵頤了一番，大衛・賴特曼（David Letterman）更邀請餐廳主廚到紐約，在《賴特曼深夜秀》（*Late Show*）節目上現場烹調。這股熱潮所為何來？說到底，還不就是一個乳酪牛排三明治！

這一波熱潮對於巴克利牛排餐廳的成功，真是功不可沒。餐廳開幕至今已超過十年，令人匪夷所思的是，它不僅屹立不搖，而且名聲愈來愈響亮。餐廳贏得各種美食獎項，歷年來始終穩居費城牛排餐廳人氣排行榜。不過更重要的是，它抓住了一群死忠顧客。巴克利牛排餐廳大受歡迎，風靡全美。

產品、理念和行為為何大受歡迎？

大受歡迎而蔚為流行的實例不勝枚舉。「堅強活下去」基金會抗癌募款黃色手環（Livestrong wristband）、脫脂希臘優格、六標準差（Six Sigma）管理策略、禁菸、低脂飲食，然後是南方海灘、減肥教主阿特金斯博士（Dr. Atkins）、低碳水化合物減肥法的「瘋」潮。相同的流行動能，也可能是地區性規模，只是規模小一些，好比某家健身中心成為時髦新寵兒、新教堂或教會成了熱門聖地，抑或大學學生會改選時人人爭相提出新公投議題等等。

這些全都是「社會流行」（social epidemic）的例子。舉凡產品、創意、理念或行為滲入一群人之間，皆可稱之為流行。從一開始只是幾個人（或幾個組織），然後向外擴散，通常是一個人傳給另一個人，幾乎就像病毒傳染一樣。或是像前例一百塊美金的乳酪牛排三明治，是一種「貴」死人不償命的病毒。

然而，儘管社會流行的例子比比皆是，但真正要讓一件事情大受歡迎、蔚為「瘋」潮，也沒那麼簡單。即使把所有的錢砸下去做行銷、打廣告，實際上能夠紅透半邊天的暢銷產品卻寥寥無幾。大多數的餐廳關門大吉、大多數的公司破產倒閉，大多數的社會運動得不到各界關注與支持。

為什麼有些產品、創意、理念和行為可以成功，有些卻失敗了？

品質、價格與廣告不再是產品暢銷保證

產品、創意或理念會大受歡迎的一個原因是：它們真的比較好。大家當然偏好更容易操作的網站、更有效的藥品，以及證實可行的科學理論。所以一旦出現了可以提供更強大功能，或提升做事效率的東西時，我們很容易就會轉而投向它的懷抱。還記得電視或電腦螢幕曾經龐大笨重到你必須請幾個朋友（不然就等著拉傷你的背），才有辦法搬上一階又一階的樓梯嗎？平板螢幕銷售成績之所以急速攀高，其中一個原因就是它們真的比較好。不僅螢幕更大，重量也更輕，會廣受歡迎也就不足為奇了。

另一個產品可以熱銷大賣的原因是：價格吸引人。這不意外，大多數人都希望能省則省，所以如果有兩件相似的產品同台較勁，便宜的那個通常都會在價格戰中勝出，或是一家公司把產品價格砍半，往往都有助於提高銷售量。

廣告也扮演著重要角色。消費者在購買東西前，有必要對要購買的東西有所瞭解，所以公司行號往往認為花愈多錢在廣告上，主打的商品就愈受歡迎。想要讓民眾吃更多蔬菜，怎麼做？在報紙上刊登更多廣告，應該可以讓更多人看到訊息而買青花菜。

儘管品質、價格與廣告有助產品、創意或理念成功，但它們不是成功的全部要因。

比方說，奧莉維亞（Olivia）和羅莎莉（Rosalie）這兩個名字都是很棒的女性名字。奧莉維亞在拉丁語代表的是橄欖樹，能讓人聯想到豐饒、美麗與祥和。羅莎莉源於法語和拉丁語，指的是玫瑰花。兩個名字長度差不多、字尾都是母音，而且都有順口又可愛的暱稱。每年有幾千名新生兒取名為奧莉維亞或羅莎莉，這是千真萬確的事實。

但想想你認識的人當中，有幾個人叫奧莉維亞或羅莎莉。你遇到的人之中，取做這兩個名字的各有多少？我敢說，你一定至少認識一位奧莉維亞，但可能不認識叫羅莎莉的人。事實上，如果你認識了一位羅莎莉，我敢說你一定也認識幾個叫奧莉維亞的人。

我怎麼知道？因為取名為奧莉維亞的人數高出太多了。例如，二〇一〇年在美國就有近一萬七千個奧莉維亞，但只有四百九十二個羅莎莉。雖然羅莎莉在一九二〇年代曾經是很熱門的女性名字，但跟奧莉維亞這名字近年來炙手可熱的程度相比，已經不可同日而語。

我之所以解釋奧莉維亞這名字變得比羅莎莉更受歡迎，是要說明品質、價格和廣告也和羅莎莉這名字一樣，昔日魅力不再。我們不能說兩個名字中哪個就是「比較好」，而且名字都是免費的，所以「價格」也沒差別，更沒有「廣告」強行推銷大家都要把自己的孩子取名為奧莉維亞，或是有公司決意讓奧莉維亞變成繼「神奇寶貝」之後最熱門的名字。

同樣的事情也可以用來解釋YouTube網站上的影片。它們沒有不一樣的價格（全部免費收看），也並非每支影片都是為了達到廣告或行銷目的而上傳。再者，雖然有些影片具有較高的產值，但是被轉寄的影片多半焦距模糊，是業餘拍攝者拿著普通相機或手機拍下來的。

既然品質、價格和廣告無法解釋為什麼一個名字會變得比另一個名字更受歡迎，或為什麼YouTube上某支影片會有更高的點閱率，那麼究竟該如何解釋這些現象呢？

社會交流

箇中原因為社會影響力（social influence）與口碑或口耳相傳。人們喜歡跟周遭的人分享故事、新聞與資訊。我們跟朋友討論最棒的度假勝地，與鄰居閒聊哪兒有超值的特價促銷活動，和同事七嘴八舌可能裁員的消息。我們在網路上對電影發表評論，在臉書上分享聽到的各種傳聞，或在推特上分享自己剛試做的食譜。人們每天與人分享超過一萬六千字，每小時談到品牌的對話超過一億次。

口碑效力遠優於廣告

口碑一傳十、十傳百不僅僅只是次數頻繁而已，更是非常重要的行銷成功要素。別人親口告訴我們、寄電子郵件給我們，或發簡訊跟我們說的事情，對我們的所思、所讀、所買、所行影響甚鉅；我們會去瀏覽鄰居介紹的網站、閱讀家人好評的書籍、投票給朋友推薦的候選人。口碑占了所有購買決策背後主要因素的二〇%至五〇%。

總之，社會影響力攸關產品、創意、理念或行為能否大受歡迎。由一位新顧客創造的口碑，大約能提高兩百美元的餐廳營業額。在亞馬遜網站上獲得一則五顆星（而非一顆星）的書評，能讓書籍多賣二十本左右。醫生開新藥處方箋時，有認識的其他醫生開過的藥會更容易被採用。想戒菸的人如果有朋友戒菸成功，也更容易戒掉菸癮；如果朋友中有人變胖，我們也更容易變成肥哥胖妹。傳統的廣告雖然還是有用，但是由一般人口耳相傳所形成的口碑效力，至少是廣告的十倍以上。

口碑比傳統廣告更有效的關鍵有二。

一，它更能打動人心。廣告通常說的都是一件產品有多好多好，你一定聽過，為什麼每十位牙醫就有九位都推薦「佳潔士」（Crest）牙膏，或是其他洗衣粉為什麼無法像「汰漬」（Tide）一樣把你的衣物洗得那麼乾淨。

正因為廣告總是老王賣瓜，自誇自家產品是最好的，所以不是真的可信。有誰看過哪支佳潔士廣告會說，每十個醫生中只有一人喜歡佳潔士？或是其他九人之中就有四位認為佳潔士會傷害你的牙齦？

反之，我們的朋友通常會直言不諱。如果他們認為佳潔士效果很好，就會說很好。如果他們覺得佳潔士味道不好，或沒辦法把牙齒刷得亮白，也會如實以告。朋友的客觀加上坦白，讓我們更容易信賴、聆聽和相信他們。

二，口耳相傳的對象更明確。公司打廣告會想盡辦法將可能感興趣的顧客一網打盡。舉例來說，有一家銷售滑雪板的公司如果在電視晚間新聞時段打廣告，可能達不到很好的效果，因為很多觀眾都不從事滑雪運動。所以它的廣告可能會刊登在滑雪雜誌，或是著名的山坡纜車票券背後。雖然這樣做可以確保看到廣告的人大多是熱愛滑雪運動的人，但最終還是白白浪費了很多廣告成本，因為他們很多其實都不需要新的滑雪板。

口耳相傳就不一樣了，它是很自然而然地直接面對一個感興趣的聽眾。我們不會跟每一位認識的人分享消息或推薦超值特價活動，反之，我們通常會選擇自己認為與所要分享的事物最有關係的特定人選。當我們知道對方討厭滑雪，我們就不會告訴他買了新滑雪板的事；當我們知道對方沒有小孩，我們就不會跟他說怎麼換尿布最順手。所以，口耳相傳往往可以把事情真正傳到感興趣的人耳裡。無怪乎，經朋友介紹上門的顧客願意花更多錢、出手也更乾脆，從各方面來說都稱得上是個大方的財神爺。

口耳相傳可以鎖定目標顧客，幾年前在我身上發生了一個手法特別高明的例子。很多時候，出版社都會免費寄一些書給我，大部分是跟行銷有關，他們希望送了我一本之後，我會把這本書指定為必讀讀物（如此一來，學生就會大量購買）。

但是幾年前，有家出版社的做法稍有不同，它寄了兩本一樣的書給我。

怎麼會這樣？除非我誤會了，不然同一本書看第二本也不會讓人對它產生更高的評價。不過，這家出版社其實另有盤算。他們寄了一封短信來，解釋他們為什麼認為那本書對我的學生有益，同時也提到他們之所以會寄第二本書，是希望我可以把它轉送給可能感興趣的同事。

這是口耳相傳（口碑）有助於鎖定目標顧客的實例。那家出版社不是把書寄給每個人，而是找上我和其他人幫他們找到目標顧客。每位收到兩本免費贈書的人，猶如探照燈一般，會在自己的社交圈裡尋找目標，找到那本書最適合的讀者，然後將書轉贈出去。

創造口碑

想知道口耳相傳創造口碑最厲害的地方嗎？它一體適用。從《財星》（*Fortune*）五百大公司希望提升銷售業績，到街頭小巷的餐廳想要生意興隆、座無虛席；從非營利機構致力打擊國人肥胖問題，到政壇新人力求當選，通通可以利用口碑。口碑有助形成「瘋」

潮，甚至能讓B2B公司從既有客戶那兒找到新客戶，而且不需要花幾百萬美元打廣告，只需要有人口耳相傳創造口碑就行了。

不過，挑戰是——要怎麼做？

從剛開業到小有名氣的公司，大家都深信社群媒體是未來潮流。臉書、推特、YouTube和其他社群網站，都被視為是建立忠實粉絲與吸引消費者的管道。各家品牌在網路上打廣告，懷抱星夢的歌手上傳影片，小店家祭出優惠，公司和組織都拚命想趕上這股行銷風潮。道理很簡單：只要引起群眾討論或分享他們的內容，在社群網站上便能像病毒一樣迅速散播開來，讓他們的產品、創意或理念瞬間爆紅。

然而，這個方法有兩個重點尚待釐清：焦點與執行。

網路口碑只占七%

請回答一個小問題：你認為網路上創造口碑的比例是多少？換句話說，在社群網站、部落格、電子郵件和聊天室上談天說地時，口碑的發生比例是多少？

如果你跟大部分人一樣，大概會猜五〇%或六〇%左右。有人猜七〇%以上，有人猜比例很低很低，但是在我問過數以千計的學生與高階主管這個問題之後，我發現平均值大約是五〇%。

這個數字很合理，畢竟，社群網站這幾年爆紅是無庸置疑的。每天有幾百萬人在使用這些網站，每個月被分享的內容也上看幾十億次，這些科技已經讓各社群之間廣泛分享事物變得愈來愈簡單又快速。

但五〇%是錯的，甚至有很大的差距。

確切的數字是七%。不是四七%，不是二七%。只有七%的口碑發生在網路上。

大多數人聽到這個數字都震驚不已。「可是，這也太低了吧。」他們抗議道，「現代人上網時間很長耶！」確實，人們上網時間很長，據估計大約每天將近兩個小時。可是我們忘了，人們不上網的時間也很長。事實上，是上網時間的八倍之多，所以不上網時談話聊天的機會也更多了。

我們也往往高估了網路口碑，因為很容易看到數據。社群網站提供了包括短片、評論和我們其他線上分享內容的易取得紀錄，所以當我們看到這些紀錄的時候，會以為網路創造了大量口碑。但是我們卻不認為同樣的時間，非網路交談有那麼多，原因就在於不容易看到數據，無人記錄下我們午餐後和蘇珊聊天，或是在等孩子放學時和提姆的談話。然而看似不多的非網路交談，對於我們的行為卻有重大影響。

此外，或許有人認為網路上的口碑可以散播給更多人，不一定。當然，網路上的交談內容是可以散播給更多人，因為面對面交談多是一對一，或發生在小群體之間，而推特或臉書動態更新平均有一百人以上會接收到。但這些潛在接收者不是人人都會確實讀每一則訊息。網路上內容氾濫，網友們不一定有時間會看每一則更新的推文、簡訊或其他訊息。譬如，我在我的學生當中做過一項小測試，就發現朋友中回覆他們貼文的人數比例不到一〇%，多數推文的接收者又更少了。網路交談的受眾人數確實多更多，但是在非網路交談影響程度可能更深遠的情況下，我們很難斷言社群網站是口碑行銷的最佳管道。[1]

所以第一個重點就是，當眾人跟著社群網站起舞時，人們很容易忽略了非網路口碑的重要性。但事實是非網路上的討論要來得更盛行，甚至比網路上的討論更有影響力。

第二個重點是，臉書和推特是科技，而非行銷策略，唯有當人們真正交談，口碑行銷的效力才得以發揮。並不是只要成立一個臉書或推特粉絲專頁，就表示每個人都會注意到，或是把消息傳到他們親友耳裡。衛生部門官員可以貼出每日消息宣導安全性行為，但是如果沒有人傳閱這些資訊，這項宣傳只會以失敗告終。YouTube上的影片有五〇％點閱率都不到五百人，超過一百萬瀏覽人次的只有三百分之一。

要發揮口碑的影響力，必須瞭解人們為什麼交談，以及人們為什麼會更常談論和分享某些東西，亦即必須瞭解分享心理學和社會交流（sociol transmission）的科學。

下次當你在聚會上閒聊，或是和同事出去吃東西時，想像自己是一隻停在牆上的蒼蠅，偷聽著你們的談話。你會發現，你們也許是聊起了一部新電影，或是正在聊某位同事的八卦。也或許你們是在交換度假的心得，或提到某人剛生了孩子，或抱怨異常的氣候暖化。

為什麼？你們可以聊任何事情，有成千上萬個不同的主題、創意、產品、故事都可以作為你們討論的話題，但你們為什麼獨鍾那些事呢？為什麼是那個消息、那部電影，或那位同事，而不是其他內容呢？

某些故事就是更富感染力，某些謠言就是更容易被流傳。有些網路上的內容自動就會散播出去，有些卻從來無人提起。有些產品讓人津津樂道，有些卻沒沒無聞。為什麼？導致那些產品、創意、理念和行為被熱烈談論的原因究竟為何？

本書將剖析這個問題，找出答案。

關鍵是訊息本身，而非意見領袖

一般人普遍的直覺是，創造口碑的關鍵在於找到對的人。我們普遍認為某些特定人士就是比其他人更有影響力，例如，《引爆趨勢》（*The Tipping Point*）作者麥爾坎．葛拉威爾（Malcolm Gladwell）就指出，社會流行是由「幾位特殊人物的努力」所帶動的，他稱那些人為專家（maven）、連結者（connector）和推銷員（salesman）。另外，也有人主張

「每十個美國人之中，會有一位告訴其他九個人要怎麼投票、到哪裡吃東西、去買什麼東西」。行銷人員花幾百萬美元試圖找到這些所謂的意見領袖，請他們推薦公司的產品；選舉也要找「具有影響力的人物」來站台。

這個觀念是基於這些特殊人物具有點石成金的魔力。只要是他們採用、談論的產品、創意或理念，就會蔚為流行。但是，這個大眾認知是錯的。沒錯，我們都認識說服力超強的人；沒錯，有些人就是比別人有更多朋友。但大多數情況是，那並不足以讓他們在傳播資訊或口耳相傳上具有更大的影響力。[2]

更進一步來說，當我們把焦點擺在訊息傳遞者身上時，忽略了一個更顯而易見的分享驅動源頭：**訊息本身**。

就拿說笑話這件事來舉例。我們都有說笑功力一流的朋友，每次開口都會讓全場哄堂大笑，但是笑話形形色色，有些不管誰說都很好笑，即使講笑話的人講得不好，大家還是會笑。具有感染力的內容就是如此——它天生具有如病毒般的感染力，使得不管說者是何許人，不管他們口才好壞，也不管他們只有十個或一萬個朋友，就是會被傳播出去。

那麼，會讓人想一傳十、十傳百的訊息呢？

毫不意外地，社群媒體「專家」和口碑行銷人做過各種猜測。一個廣泛獲得認同的理論是，感染力毫無道理可循——你根本無法預測一支影片上傳後會不會被大量分享。其他人則依據個案研究與坊間傳聞來推測。因為有太多YouTube最受歡迎的影片不是好笑的，就是可愛的（跟小孩或貓咪有關），所以最常聽到的結論是，幽默或可愛是內容得以廣為傳播的關鍵要素。

但是這些「理論」都忽略了一項事實，那就是很多搞笑或可愛的影片從來沒有爆紅過。有些貓咪影片確實吸引了數百萬人點閱，但那是特例，而非常態，大多數影片的點閱率只有二、三十次而已。

或許，你也留意到美國前總統比爾．柯林頓、微軟總裁比爾．蓋茲，和演員比爾．寇斯比（Bill Cosby）都很有名，然後你得到的結論是，只要把名字改成「比爾」，便是得到名聲與財富的途徑。雖然你的最初觀察是正確的，但結論顯然荒謬至極。僅藉由看到的幾個知名例子來推論，人們忽略了一個事實，就是那些特徵也存在於怎樣都無法吸引任何觀眾的內容。要瞭解究竟是什麼因素引起人們分享事物，必須同時留意成功與失敗的例子，還有，是不是通常具備某些特質更容易成功？

有些東西天生就具有話題性？

這時候你也許會對自己說，太好啦，有些東西就是比其他東西更具有感染力。但有可能讓任何東西都具有感染力嗎？還是有些東西天生就是更具感染力？

智慧型手機就是比退稅讓人更愛掛在嘴邊；閒聊狗兒就是比侵權法改革有趣多了；好萊塢電影也比烤麵包機或調理機酷多了。創造前者的人就是比後者優秀嗎？有些產品、創意或理念天生就深富感染力，而其他就沒有嗎？或者任何產品、創意或理念都可以經過設計，而變得更具有感染力？

「這會被攪碎嗎？」——用五十美元創造七倍業績成長率

湯姆．迪克森（Tom Dickson）正在找工作，他出生於舊金山，因為摩門教信仰進入鹽湖城楊百翰大學（Brigham Young University）就讀工程學系，一九七一年畢業之後返家，適逢就業市場不景氣，求職路途並不順遂，最後只能找到一家製造子宮內避孕器等節育產品的公司。這些產品可以讓人避孕，但也引發了墮胎的爭議，這違背了湯姆的摩門教信仰。一個摩門教徒幫人發展避孕方法？是該找新出路了。

湯姆對麵包烘焙一直深感興趣，在發展自己的嗜好時，他也注意到附近並沒有便宜又好用的麵粉研磨機。所以湯姆發揮自己的工程技術能力，投入相關研發，終於找到一種只要十美元的真空馬達，拼裝出一台好用又便宜的研磨機。

這台研磨機實在是太棒了，所以湯姆開始大量生產。可想而知，公司營運十分順利，湯姆又從試驗各種食物處理的方法中，激盪出更多調理機的點子。沒多久，他便搬回猶他州成立了自己的調理機公司，於一九九五年製造出他的第一台家用調理機，並於一九九九年成立布蘭德科公司（Blendtec）。

儘管產品很棒，但根本沒有人認識它，品牌知名度很低。所以二〇〇六年，湯姆聘請了同樣畢業於楊百翰大學的喬治．萊特（George Wright）擔任行銷總監。事後，喬治開玩笑說，他前一家公司的行銷預算都比布蘭德科的年營收高出許多。

第一天上班，喬治發現製造工廠地板上有一堆碎鋸屑，但是顯然並沒有工程在進行，這讓他困惑不已。這究竟是怎麼一回事？

原來，那是湯姆每天都會在工廠裡做的一件事——想辦法打壞調理機。為了測試自家調理機的耐用性和馬力，湯姆會將兩公分見方的木板和其他東西塞到調理機裡，然後開機——結果就是那一堆碎鋸屑了。

喬治有辦法讓湯姆的調理機揚名立萬了。

拿著少得可憐的五十美元預算，喬治出去買了玻璃彈珠、高爾夫球和一支鐵耙子。另外，他還為湯姆買了一件白長袍，就像一位真正的科學家穿的那種白長袍。然後，他把湯姆和調理機放在攝影機前。喬治請湯姆把他對兩公分見方大小木板所做的事情照本宣科做一遍：看看它們能不能被攪碎。

想像一下，抓一把玻璃彈珠扔到你家的調理機裡，不是塑膠或黏土做的那種，而是真正的彈珠，用實心玻璃做成的半英寸大小球體，質地之堅硬連車子也輾不破。

對，那正是湯姆所做的事情，他把五十顆玻璃彈珠丟進一台調理機，然後按下按鈕慢速攪拌。彈珠在調理機裡瘋狂彈跳，發出像冰雹打在車頂上的噠噠聲響。

十五秒後，湯姆將調理機關機。他小心翼翼地打開上頭的蓋子，一陣煙霧飄然溢出：玻璃粉末。所有彈珠最後全都成了像麵粉一樣的細粉末。在這樣的衝擊下，調理機竟然毫髮無傷，在在展示了它驚人的實力。高爾夫球也被打成粉末，鐵耙子變成了一堆銀色粉末。喬治將這些影片上傳到YouTube，祈禱能夠馬到成功。

他的預感準確無比。眾人嘆為觀止，愛極了那些影片，調理機的強大馬力讓他們大吃一驚，紛紛將它取名為「瘋狂完美調理機」或「終極調理機」等諸如此類的名字。甚至有人無法相信雙眼所見，也有人開始討論還有什麼東西是這台調理機可以打成粉末的：電腦硬碟？日本武士刀？

光是第一個星期，影片點閱率就衝上了六百萬人次。湯姆和喬治成功打響了第一砲。

「瘋」潮是創造出來的

湯姆繼續拿Ｂｉｃ打火機、任天堂Ｗｉｉ控制台，以及各種東西丟進調理機裡。他也試了螢光棒、小賈斯汀的ＣＤ，甚至是iPhone。結果不僅布蘭德科調理機攪碎了這些東西，就連他們取名為「這會被攪碎嗎？」（Will It Blend ?）的系列影片，也湧進了超過三億人次的點閱率。拜這項宣傳手法之賜，這台調理機的零售業績提高了七〇〇％。這一切都要歸功於每件平均不到幾百美元的東西，竟然為一台看似不值一提、平凡無奇至極的調理機，締造了不同凡響的結果。

布蘭德科的故事展示了具感染力內容的主要關鍵之一：**引起「瘋」潮的病毒式傳播不是產品本身所致，而是創造出來的。**

這真是個好消息啊！

有些人很幸運，他們的創意、理念或行動似乎就可以掀起「瘋」潮或話題。

但就像布蘭德科的故事所帶給我們的啟示，**只要找到正確的方法，即使是日常生活中再平凡無奇的產品、創意或理念，也可以製造熱門話題。**不論產品、創意或理念看似多麼平淡無奇，總有辦法創造它的話題性。

所以我們要如何設計產品、創意、理念和行為，促使人們談論它們呢？

踏上社會影響力研究之路

我不是一開始就走上研究社會流行的道路。我父母不相信甜食或電視可以養大孩子，所以給我們的都是和學習有關的獎勵。我記得有一年的聖誕假期，我因為拿到一本邏輯解謎書而格外興奮，一拿到書便馬不停蹄地連著幾個月埋首鑽研。這些經歷培養出了我在數學和科學方面的興趣，我在高中時期還做了一份都市水文學（一條溪流如何影響流域的地理樣貌）研究，進入大學時，我以為自己將來會成為一名環境工程師。

但在大學時發生了一件有趣的事。當我坐在「高深」的科學殿堂上，我不禁好奇自己能否把相同的工具套用在複雜的社會現象研究上？我一直很喜歡觀察人，看電視時，廣告總是比節目更吸引我。但我知道與其天馬行空猜想人們行事的背後成因，其實我可以利用科學理論找出答案。生物學與化學的研究工具，同樣可以用來瞭解社會影響力與人際溝通。

於是我開始選修心理學和社會學方面的課程，研究人們如何瞭解自己與他人。幾年後，我祖母寄了一篇書評給我，她認為我應該會感興趣，那本書就是《引爆趨勢》。

我愛極了那本書，遍覽任何找得到的相關文章和書籍，然而，始終有個問題讓我深感挫折：《引爆趨勢》的概念震撼有力，但主要都是描述性的概念。是啊，有些東西會流行，但為什麼會如此？驅動這些結果的人類基本行為究竟為何？這些有意思的問題需要答案。於是，我決定開始去尋找它們。

完成博士學位後，經過十多年的研究，我發現了一些答案。這十幾年來，我任教於賓州大學華頓商學院（Wharton School），尤其這幾年我又傳授行銷學，促使我一直鑽研這個縈繞心中多年的問題與其他相關問題。在許多人的共同研究及努力下，我探究的問題包括：

- 為什麼某些《紐約時報》的文章或YouTube影片會被大量轉傳？
- 為什麼有些產品更為人津津樂道？
- 為什麼某些政治訊息會被傳播？
- 什麼時候某些嬰兒名字會盛行或退流行，為什麼？
- 什麼時候負面宣傳反而有助增加銷量，而非減少銷量？

我們分析了數百萬筆購車紀錄、數千篇《紐約時報》文章，以及數百年來嬰兒的命名。我們長時間收集、編碼和分析各種資料，從品牌和YouTube影片，到都會傳奇、產品評論和面對面談話，我們設定的目標就是，要瞭解社會影響力和造成某些事物流行的驅力。

幾年前，我開始在華頓商學院傳授一門稱為「感染力」（Contagious）的課程。它的前提很簡單：無論你所從事的是行銷、政治、工程或公共衛生領域，都必須瞭解如何讓自己的產品、創意或理念得以廣為傳播風行。品牌經理希望他們的產品可以製造更多話題；政治人物希望他們的理念深入民心；衛生部門希望民眾多自己烹煮食物，少吃速食。數百位大學生、MBA學生和經理人上了這堂課之後，瞭解了社會影響力如何驅使產品、創意、理念與行為邁向成功。

我經常收到人們寄電子郵件給我，表示他們沒辦法來上課，但他們從朋友那兒聽說了這門課程，而且很喜歡教材內容，但是因為時間不湊巧，或是還來不及搞清楚課程內容，選課就結束了，所以問我有沒有一本書可以供他們自修，以彌補錯過的上課內容。

相關書籍一定有，《引爆趨勢》就是很好的一本書，書中充滿趣味盎然的故事，但是自該書二十多年前出版至今，相關的科學已有長足進展。奇普・希思（Chip Heath）與丹・希思（Dan Heath）的《黏力》（*Made to Stick*），是我最喜歡的另一本書（爆個內幕：奇普是我的研究所指導教授，所以內舉不避親），書中融合了傑出的成功故事，以及認知心理學與人類記憶的學術研究。不過這本書雖然專門探討如何讓創意發想「深植人心」，也就是讓人們記得它們；可是在如何讓產品、創意或理念傳播出去，也就是讓人們口耳相傳這部分，卻著墨不多。

所以每次有人問我要讀點什麼才能瞭解口碑建立之道，我會建議他們參考我個人或其他學者發表的相關學術論文。有些人在回信謝謝我的同時，難免會要求我提供一些更「好讀」的東西。換句話說，就是內容嚴謹但不枯燥的讀物，而不是學術期刊裡那些充斥專業術語的文章。現在有一本書提供他們一組基於研究而來的原則，以瞭解促成產品、創意或理念大為風行的要素為何。

《瘋潮行銷》就是那本書。

感染力六大原則

本書談的是內容感染力形成的要素。所謂內容，指的是傳述或故事、新聞和資訊，以及產品、創意、理念或影片。從地方廣播電台募款，到我們努力要教導孩子的安全性行為訊息，每件都是我所謂的內容。至於感染力，則意指有望被廣泛傳播。藉由人與人的口耳相傳和社會影響力，內容得以擴散滲透，被顧客、同事和選民談論、分享或仿效。

在我們的研究中，我和其他共同研究者注意到各種具感染力內容間的共同特色。如果你願意，你可以說那是一份打造產品、創意、理念和行為更有機會大受歡迎的配方。

以前述調理機打碎iPhone的「這會被攪碎嗎？」影片，和巴克利牛排餐廳的乳酪牛排三明治為例，這兩個故事都激起了許多人大感驚異或不可思議的情緒：誰會想到一台調理機可以攪碎iPhone，或一份乳酪牛排三明治會貴到一百美元？兩個故事也都很有看頭，讓一個個轉述它們的人看起來都很酷。而且兩者都提供了有用的資訊：知道有什麼產品好用，或是哪家餐廳的料理特別美味，永遠有用。

就像料理需要糖來調出甘甜滋味，我們也在家喻戶曉的廣告、廣為轉傳分享的新聞報導，或是博得眾人稱讚口碑的產品中，相繼看到了相同要素。

分析過千百筆富有感染力的訊息、產品、創意和理念之後，我們注意到促進事物大為風行的六個共同要素或原則，這六個關鍵技巧**STEPPS**促成內容被談論、分享與仿效。

原則一——社交身價 Social Currency

人們在侃侃而談一項產品、創意或理念時，會讓自己看起來怎樣？大部分的人喜歡自己看起來很聰明，不要像笨蛋；有錢，不要像窮光蛋；很酷，不要像麻瓜。就像服飾與車子，我們談論的事情也會影響別人對我們的看法，這就是「社交身價」。知道很酷的事情，例如一台可以打碎iPhone的調理機，會讓人看起來很厲害，而且神通廣大。所以要讓人們談論，我們必須精心打造訊息，以達到這些他們想留給別人的印象。我們必須找出產品、創意或理念的內在不可思議性，讓別人覺得自己像個「內行人」。我們必須運用遊戲機制，讓人們有辦法獲致地位象徵，展現給別人看。

原則二——觸發物 Triggers

要如何提醒人們談論我們的產品、創意或理念？觸發物是喚起人們聯想到相關事物的刺激物。花生醬會讓我們想到果醬，狗會讓我們想到貓。如果你住在費城，看到乳酪牛排三明治，可能會想到巴克利牛排餐廳那道一百塊美金的黃金頂級三明治。人們通常想到什麼就會聊什麼，所以當他們愈常想到一件產品、創意或理念，就愈會聊起它。我們必須設計會在環境上觸發人們聯想到的產品、創意或理念，並將我們的產品與該環境的流行事物連結起來，以創造出新的觸發物。心口合一，我們心中想到什麼，很容易就從嘴巴說出來。

原則三——情緒 Emotion

當我們在意，我們就會分享。所以要怎麼打造訊息和理念，讓人們有感覺？富感染力的內容本來就比較能激發某種情緒。一支iPhone被攪碎令人大感吃驚，增稅的消息則讓人聽了怒火中燒。激發情緒的事物通常會被分享出去。所以與其反覆強調功能，不如專注在人們的感受上。但正如我們會在後文中談到的，有些情緒能促進分享行為，有些可能會降低。所以，我們必須選擇正確的情緒來喚醒人們，我們必須點燃人們心中的那把火，有時候，甚至連負面情緒也會奏效。

原則四——曝光 Public

有人在使用我們的產品，或做出我們期望的行為時，其他人會看見嗎？俗話「有樣學樣」一語，道出人類的模仿傾向，這句話同時也道出了，眼不見就難以效法。讓事物更容易被看見，就會有更多人起而效尤，也就更可能蔚為流行，所以，我們必須讓我們的產品、創意或理念更廣為人知。我們必須加以設計自己的產品、創意或理念，讓它們本身成為活廣告，還要創造行為痕跡（behavior residue），使得人們即使已經買了產品或支持了我們的行動，行為痕跡仍然久久不散。

原則五——實用價值 Practical Value

怎樣才能打造出看起來實用的內容？人們樂於好善助人，如果可以讓他們看到我們的產品、創意或理念能夠如何節省時間、改善健康或省荷包，他們就會開始口耳相傳。但有鑑於現在資訊氾濫，我們必須設法讓自己的訊息脫穎而出。我們必須瞭解讓某項產品或服務看起來格外實惠的原因為何；我們必須強調產品或服務令人難以置信的價值，也許是金錢，也許是其他方面；我們也必須把我們的知識和專業緊密結合，好讓人們更容易一直傳遞下去。

原則六——故事 Stories

我們的創意或理念可以包裝成更動聽的故事嗎？我們除了分享資訊，也愛說故事。但就像史詩裡的特洛伊木馬，故事只是承載諸如道德與教訓的工具。資訊會在看似閒話家常的偽裝外表下傳播出去，所以我們必須建造自己的特洛伊木馬，將產品、創意或理念深植到大家會想跟別人說的故事之中。但我們要做的不僅僅只是講一個很棒的故事而已，還必須傳播得有價值，我們必須把我們的訊息與故事融為一體，讓大家沒了它，故事就說不下去。

感染力有六大原則，也就是產品、創意或理念具有社交身價、可被觸發聯想、能激發情緒、曝光、具實用價值，並用故事加以包裝。接下來，各章將逐一專門探討一種原則，我們會從科學角度提出相關的研究結果與案例，並介紹實際運用該原則而聲名大噪的個人、公司和組織。

這六大原則可將其英文字首縮寫成STEPPS。想想這六大原則如何創造出富感染力的內容，應用STEPPS創造出的內容就會引起大眾談論，而獲致成功。人們開始談論巴克利牛排餐廳一百美元的乳酪牛排三明治，是因為那能提高他們的**社交身價**；有某樣東西**觸發**了他們（費城到處可見的乳酪牛排三明治）；他們的**情緒**受到刺激（十分吃驚）；話題有**實用價值**（關於高級牛排餐廳的有用資訊）；而且整件事被包裝成一個**故事**。在訊息、產品、創意或理念中加強這六大要素，可以提高引爆話題與創造「瘋」潮的機會。也希望，我將這六大原則以其英文字首S-T-E-P-P-S依序列出（譯注：近似「步驟」的英文「STEPS」），能有助大家記憶（這六大原則彼此獨立，你可以依據自己的需求選擇加以運用）。

本書鎖定兩大讀者群（有部分重疊）。你也許總是納悶為什麼人們會聊八卦、為什麼網路內容會被瘋狂傳播、為什麼謠言會滿天飛，或是為什麼辦公室茶水間裡每個人似乎都在談論某件事情。談論與分享是人類最基本的行為之一，這些活動讓我們與人互動、形塑我們，也是人類特有的行為。本書將從科學角度清楚闡明社會交流背後的基本心理學與社會學過程。

本書也是針對那些希望自己的產品、創意、理念與行為能家喻戶曉的人而寫。各行各業不論公司大小，都希望自己推出的產品受到更多人青睞。街坊的咖啡店希望能吸引更多顧客上門，律師希望能招攬到更多客戶，電影院希望有更多觀眾來看電影，部落客則希望吸引更多網友點閱與分享。非營利組織、政策制定者、科學家、政治人物和眾多選民，也希望他們的產品或理念可以贏得廣大民心與支持。美術館希望能吸引到更多參觀人潮、流浪狗之家希望有更多人來收養狗兒，生態環境保護者則希望有更多人集結抗議森林濫伐。

無論你是努力要打開知名度的大企業經理人或小店家老闆，無論你是想宣揚理念或口號的政治候選人或衛生部門官員，本書都能幫助你瞭解如何讓自家的產品、創意或理念打響名號，傳遍街頭巷尾。它提供了一個架構與可實際執行的一套方法，能夠讓你傳播資訊——精心設計的故事、訊息、廣告和資訊，達到讓大眾與他人分享資訊的目的。無論這些人有十個或一萬個朋友，無論他們是能說善道或木訥寡言。

本書針對口碑與社會交流提出了最新的科學論點，以及讀者可以如何運用它們，以促成自家的產品、創意或理念大獲成功。

注釋

1 在思考是網路或非網路的口碑效益較高時，也想想你期望的行動將在哪裡發生。如果你想讓人們去瀏覽某個網站，那麼網路口碑效果奇佳，因為按個鍵便能輕易達成你期望的行動。非網路產品或行為也是同樣的道理。關於義大利麵醬的網路口碑是很不錯，但人們實際到商店裡時必須記得購買，所以非網路口碑也許效果更好。同時，也請想想人們在購買之前是否做過調查研究，以及是在哪裡做的。雖然人們不在網路買車，卻在網路進行許多調查研究功課，也許在他們還沒走進汽車經銷店之前就已經做好決定了。在這些例子中，網路口碑也許會左右人們的決定。

2 現在還沒有很好的經驗證據顯示，擁有更多社會關係或更有說服力的人對於事物的流行有更大的影響力。請參見Bakshy、Eytan、Jake Hofman、Winter A. Mason和Duncan J. Watts等於二〇〇一年收錄於香港《第四屆網路搜尋與資料探勘國際會議論文集》（*Proceedings of the Fourth International Conference on Web Search and Data Mining*）的報告〈人人都有影響力：量化推特上的影響力〉（Everyone's an Influencer: Quantifying Influence on Twitter）；另參見Watts、Duncan J.和Peter S. Dodds二〇〇七年發表於第三十四期《消費者研究期刊》（*Journal of Consumer Research* 34, no., 4, 441-58）的論文〈網路、影響力與輿論的形成〉（Networks, Influence, and Public Opinion Formation）。想想上一次你把某人告訴你的故事傳播出去的時候，你是因為說故事者是位廣受歡迎的人物而分享，還是因為故事本身很有趣或令人驚奇？想想上一次你把某人寄給你的文章轉寄給其他人的時候，你是因為寄文章給你的人說服力十足才把文章轉寄出去，還是因為你知道其他人對這篇文章中的資訊可能會有興趣？在這兩個和其他多數例子中，驅使口耳相傳的力量是訊息，而非訊息提供者。

1

社交身價

Social Currency

為了成為人們的談資，公司與組織必須塑造一種社交身價，讓人們聊起你的產品、創意或理念幫忙打免費廣告時，可以提升他們的形象。方法有三：

1. 找出內在不可思議性。
2. 運用遊戲機制。
3. 讓人覺得自己是「內行人」。

在紐約湯普金斯廣場公園（Tompkins Square Park）附近的紅磚老式建築店面當中，你會留意到一個小小的入口，熱狗造型的紅色大招牌上，「eat me」兩個字就像是擠了芥末在上頭。步下一小段階梯，你會找到一家老舊的狹小熱狗店。長條形桌面上擺著各種客人最喜歡的調味料，還有電玩任你玩到盡興。當然，還有令人垂涎三尺的菜單任君挑選。

十七種琳瑯滿目的熱狗口味，還有各種你想像得到的德式香腸。「早安熱狗」是培根配上濃濃的融化起司，再加上一個煎蛋；「海嘯熱狗」是日式烤肉配上鳳梨和青蔥；喜歡道地口味的人可以點「紐約客熱狗」，品嚐傳統燒烤純牛肉德式香腸。

但是，放眼望去，店裡除了格子花色桌巾和享用著熱狗的饕客之外，你留意到角落散發著古早味的木造電話亭了嗎？那種看起來像是超人克拉克會衝進去變裝的電話亭？走過去，往裡頭瞧瞧。

你會看見電話亭裡掛著一具老式轉盤撥號電話，那種必須用手指轉動上頭數字圓洞來撥號的老式電話。想體驗一下，就把你的手指放在數字「2」的圓洞上，然後順時鐘轉到底，放手後，把話筒拿起來聽。你大吃一驚，竟然有人接起電話。「您有預約嗎？」電話那頭的聲音問道。什麼？預約？

是的，預約。你當然沒有預約。你哪裡需要預約？跟一家熱狗店角落裡的電話亭預約？

不過，顯然今天是你的幸運日，他們會讓你進去。突然，電話亭後面的門敞開——那是祕密入口！你獲准進入一個隱身的祕密酒吧，一個就叫做「祕密基地」（Please Don't Tell）的酒吧。

消失的酒吧密室

一九九九年，布萊恩・史拜羅（Brain Shebairo）和兒時好友克里斯・安提司塔（Chris Antista）決定投身熱狗事業。這對哥兒們在紐澤西長大，從小吃著知名的茹絲屋（Rutt's Hut）和J&H（Johnny & Hanges）這些熱狗店的美味熱狗長大，因而有了希望能把這樣的享用熱狗體驗帶到紐約市的想法。歷經兩年的研發，騎著摩托車到東岸四處品嚐最好吃的熱狗，布萊恩與克里斯已經準備好了。二〇〇一年十月六日，他們在東村（East Village）開了這家「克里夫熱狗店」（Crif Dogs）。店名的由來，是有一天布萊恩口中還塞著滿嘴熱狗，想叫克里斯的名字時，所吐出來的含糊不清發音。

克里夫熱狗店一夕爆紅，而且贏得各種刊物交相讚譽，而有「最美味熱狗」的美譽。但是幾年過去，布萊恩有意嘗試新的挑戰，他想開一家酒吧。克里夫熱狗店一直持有「酒牌」，但從未善加利用。他們試過買一台瑪格莉特雞尾酒冷凍機器，或是三不五時把一瓶德國野格酒冰到冷凍庫；但是真要好好做，他們需要更大的營業空間。隔壁是一家苦撐的泡沫紅茶店，布萊恩的律師告訴兩人，如果他們能取得隔壁的店面空間，酒牌可以轉名使用。經過三年的斡旋，泡沫紅茶店終於同意頂讓。

然而，挑戰才剛要開始。紐約市酒吧林立，在克里夫熱狗店方圓四條街內，就有六十個地方可以讓人喝一杯，在同一條街上也有近十家。原本，布萊恩想開的是走頹廢風格的搖滾樂酒吧，但是，這個構想成不了氣候。酒吧的概念必須更加不同凡響才行，必須引起街談巷議，造成話題，把人吸引進來。

某天，布萊恩偶遇一位擁有骨董船的朋友。大型戶外跳蚤市場上販售著各式各樣東西，從裝飾藝術風格的五斗櫃、玻璃眼珠到非洲獵豹玩偶，無奇不有。那人說，他找到一座挺不賴的三〇年代電話亭，他覺得很適合擺在布萊恩的酒吧裡。

布萊恩靈機一動。

在布萊恩小時候，他的叔叔從事木工，除了幫人蓋房子和做一般木匠活之外，叔叔還在地下室蓋了一個隱藏在門後的密室。其實所謂的暗門也不是那麼隱密，只是把木門嵌入木作隔間，只要推對了地方，就可以進入一個隱密的儲藏室。裡頭既沒有藏匿什麼謊言祕密，也沒有掠奪而來的不義之財，但就是讓人覺得酷斃了。

布萊恩決定把電話亭的門，當成通往祕密酒吧的入口。

祕密引人議論

在祕密基地酒吧裡的每件事，都會讓你覺得自己獲准踏入一個非常特別的祕密地方。

你在街上找不到它的招牌，你在廣告看板或雜誌上看不到它的廣告；唯一的入口就是通過一家熱狗店裡一個半隱密的電話亭。

這當然不合理。行銷人不是主張打廣告要聲勢浩大，而且商品容易取得，才是成功企業的基石嗎？

祕密基地從來不打廣告，但自二〇〇七年開張至今，它儼然成為紐約市最多人預約訂位的熱門酒吧之一。他們只接受當天訂位，預約專線於下午三點整開放。想坐哪個位置，採取先來後到的原則，愈早到店的客人選擇機會愈多。打電話的人一次又一次狂按電話鍵撥號，希望不要再聽到忙線中的嘟聲。不到三點半，所有座位已被預訂一空。

祕密基地也不逢迎市場，他們不會在門口拉客，也不用五花八門的網站來向消費者兜售，它是那種典型的「實地體驗品牌」（discovery brand）。吉姆．米漢（Jim Meehan）是祕密基地酒吧雞尾酒品項幕後的魔法師，就是基於那樣的理念，為客人設計各種調酒的新體驗。「最強大的行銷就是個人推薦，」他說，「沒有哪種傳播力比你的朋友光顧某地之後，對它的全力推薦更強大的了。」而且還有什麼比看到兩個人在電話亭裡憑空消失，更讓人拍案叫絕、嘖嘖稱奇呢？

如果這還不夠清楚，那麼透露個「祕密」的小祕密，那就是它們通常保密不了多久。

回想一下，上次有人跟你透露祕密的時候，還記得他們千拜託、萬拜託要你不可以告訴任何人嗎？你還記得，自己接下來做了什麼嗎？

嗯，如果你跟大多數人一樣，你大概跑去跟某人講出那個祕密了吧！（別不好意思，你的祕密我不會跟別人說的。）結果顯示，當某件事還是祕密的時候，人們更可能會議論紛紛。原因何在？就是**社交身價**。

塑造一種新的社交身價

小孩子喜歡美術創作，不論是用蠟筆畫畫，用膠水把空心麵黏貼到厚紙板上，或利用回收物品精心設計立體雕塑，只要動手做，他們都樂在其中。但是不論他們創作的題材、材料媒介或地點為何，孩子一完成作品後，似乎都會做出同樣的動作——把作品拿給別人看。

天生樂於分享自我

「分享自我」（self-sharing）的習性一直到我們長大成人後依舊沒變，跟隨我們一生。我們會跟朋友分享自己血拚的成果，會跟家人透露我們寄給地方報紙的社論。這種想與人分享自身想法、意見和經驗的渴望，就是現今社群網站大行其道的原因之一。人們在部落格抒寫自己的喜好、心得，在臉書上更新自己每天的動態，在推特上疾言厲色地譴責政府的作為。許多專家的觀察指出，現今對社群網站上癮的人，似乎隨時都想跟每個人分享他們的想法、喜好與想望，已經停不下來。

確實，研究發現人們談論的事情中，超過四〇％是關於個人經驗或個人關係。同樣地，大約一半的推文都是圍繞著「我」這個主題，包括自己正在做什麼或發生了什麼事等等。為什麼人們談論的多半是自己的經驗和意見呢？

對此，我們無法只以「虛榮心作祟」一語帶過，事實上，我們本能地認為那樣做是令人開心的事情。哈佛腦神經科學家傑森．米歇爾（Jason Mitchell）和戴安娜．塔米爾（Diana Tamir）發現，自我揭露這類訊息本身就是一種內在獎勵（intrinsically rewarding）。在一次研究中，米歇爾和塔米爾將受測者連接上腦部掃描儀，然後要他們分享自己的觀點或意見（比如，「我喜歡玩滑雪板」），或是別人的觀點或意見（比如，「他喜歡玩滑雪板」）。結果發現分享自己的觀點或意見，跟吃到東西和獲得金錢引起的內在獎勵，在大腦迴路的反應是相同的。所以，跟別人說你這個星期做了什麼事，可能跟你咬了一口香濃巧克力蛋糕，感覺一樣美好。

事實上，人們非常喜歡分享個人意見，甚至願意花錢來做這件事。在另一項研究中，塔米爾和米歇爾請民眾協助完成幾個基本問題選擇試驗。受測者可以選擇是要出門閒晃，還是回答一份關於個人的問卷（例如，「你有多喜歡三明治？」），然後跟別人分享；受測者要回答數百題相關的簡單問題。為了讓這項試驗更有趣，塔米爾和米歇爾針對某些特殊選擇提供不同的付費。有一些試驗是，受測者若選擇等候幾秒鐘的話，可多領到幾美分；另外一些試驗則是，受測者若選擇回答願意自我揭露，會多拿到幾美分。

結果如何？人們願意放棄錢，而選擇跟別人分享自己的看法。據統計，人們願意少拿二五％的錢跟別人分享自己的想法。相較於五秒鐘什麼都不做，人們更珍惜分享自己的觀點，即使只領取不到一美分的問卷費。看來，這改寫了一句古諺，也許我們應該改變做法了，不必拿一分錢買別人的想法，而是他們付錢請你當聽眾。

口碑是建立良好形象的「有價」商品

顯然，人們很喜歡談論自己，可是要怎麼讓他們多談點自己的想法與經驗，而不是別人的？

請跟我玩一個小遊戲。我的同事卡拉開了一輛小型廂型車，關於她的其他事我可以透露更多，但現在，我想看看你能不能只根據上述這唯一的事實，猜到卡拉的年齡？二十歲？三十五歲？還是五十七歲？我知道你對她所知甚少，可是請儘量依據事實或憑經驗做出你的合理猜測。

她有沒有小孩？如果有，她的孩子喜歡運動嗎？如果是，你認為是哪種運動呢？

等你在心裡記好自己猜測的答案，我們馬上來談談我的朋友陶德。他是一個很酷的傢伙，剛好又頂著一個龐克頭。你可以想像出他的樣子嗎？他幾歲？他喜歡哪種類型的音樂？他都去哪裡消費？

這個遊戲我跟數百人玩過，結果都一樣。大部分的人都認為卡拉應該介於三十至四十五歲間；而且所有的人——沒錯，就是百分之一百的受測者都認為她有孩子，也大都認為她的孩子喜歡運動，而且幾乎一致認為最有可能是足球運動。這些全是從一輛小廂型車聯想出來的答案。

現在，說說陶德吧。大部分的人都認為他應該介於十五至三十歲間；絕大多數人猜他喜歡某種「刺激」音樂，可能是龐克、重金屬或搖滾；而且，幾乎每個人都認為他的穿著打扮走復古風，或常去一些衝浪／滑板店消費。這些全是從一個髮型做出的諸多聯想揣測。

坦白說，陶德不一定非要聽前衛的音樂，或是在潮牌服飾店血拚；他可以是五十三歲，聽貝多芬這類古典樂，在任何他喜歡的商店買衣服，如果他要到GAP買卡其棉褲，也不會被拒於門外。

卡拉也是如此。她可以是二十二歲的叛逆女孩，會打鼓，而且篤信只有無聊的資產階級人士才會生養小孩。或者，她也可以是任何年紀、種族，或經濟階層。

但重點是，我們不會把那些事情與卡拉和陶德聯想在一起。相反地，因為選擇會透露身分，而讓我們全都做出了類似的推測。卡拉選擇開一輛小廂型車，所以我們就假設她是一個足球媽媽。陶德留著龐克頭，所以我們就猜他是個叛逆小子。我們憑經驗對人們做出的所謂合理猜測，是建立在他們開的車、他們穿的衣服，以及他們聽的音樂上。

我們的言談也會影響別人對我們的看法。在聚會時講一個笑話，會讓人覺得我們詼諧有趣。對昨晚的重要運動賽事或名人開趴的消息瞭若指掌，會讓人覺得我們很酷，或是「萬事通」。

所以毫不意外地，人們喜歡分享一些讓他們變成像是開心果、智多星或萬事通的事情，而不是讓自己變成他人眼中掃興蠢笨傢伙的事情。我們也可以從另一個角度來思考，回想上次你原本想跟別人分享某件事，最後卻作罷了，為什麼？八九不離十是因為那會讓你（或某人）的形象扣分吧。我們會跟別人說自己如何預約了當地最熱門的餐廳，但不會說我們怎麼挑了一間面對停車場的旅館；我們會說自己買了一台獲得《消費者報告》（*Consumer Reports*）最佳評鑑的相機，但不會說自己買了一台筆記型電腦，結果卻在別家店發現他們的售價更低這種事。

口碑，這時候就成了建立良好形象的最佳工具——就跟新車或Prada名牌包一樣有效。你可以把它想成一種有價商品：社交身價。就像花錢購買產品或服務，人們也會利用社交身價，以達到在家人、朋友和同事之間建立良好形象的目的。

因此，為了成為人們的談資，公司與組織必須塑造一種社交身價，讓人們聊起你的產品、創意或理念幫忙打免費廣告時，可以提升他們的形象。方法有三：（一）找出產品、創意或理念的內在不可思議性；（二）運用遊戲機制；（三）讓人覺得自己是「內行人」。

找出內在不可思議性

想像在一個酷熱的日子，你和朋友去便利商店買飲料。你喝膩了汽水，但又想喝比水有味道、一種既清爽又暢快解渴的東西。當你搜尋冰涼飲料區時，思樂寶（Snapple）粉紅檸檬果汁吸引了你的目光。太棒了！你拿了一瓶到櫃檯結帳。

一走出店門口，你馬上開瓶喝上一大口，整個人頓覺清涼舒暢極了。就在要坐進朋友的車時，你注意到思樂寶果汁的瓶蓋內印了些字：

科學真相#27：玻璃球彈得比橡皮球高。

哇塞！真的假的？

你大概會很吃驚，而且印象深刻（你說不定連玻璃球可以彈跳起來都不知道），想想你接下來會做什麼事。對於這個新發現的冷知識，你會怎麼做？你會隱藏在自己心裡，還是告訴你的朋友？

瓶蓋乾坤——思樂寶科學冷知識

二〇〇二年，思樂寶廣告部門執行副總瑪格・魯賓絲坦（Marke Rubenstein）試圖找出討顧客歡心的新方法。思樂寶已經打開品牌知名度，他們在電視上做了一系列主題為「思樂寶女士」（Snapple Lady）的搞怪廣告，就是一個精力充沛的中年婦人，用她濃濃的紐約腔回覆思樂寶果汁粉絲的來信。信件內容五花八門，有人求教思樂寶女士約會的絕招，也有人懇請思樂寶到養老中心舉辦園遊會。不用說，廣告「笑」果十足，思樂寶這次也想做類似能讓人莞爾一笑的另類行銷傑作。

在一次行銷會議中，有人建議瓶蓋內那個還空著的地方可善加利用。思樂寶曾在瓶蓋內放上笑話，幾乎稱不上成功。不過那些笑話滿冷的（例如，如果2號鉛筆比較受歡迎，為什麼到現在還是老二？），所以他們很難判定到底是行銷策略出錯，還是笑話不好笑。有了前車之鑑，魯賓絲坦和行銷團隊也沒把握，這次的科學冷知識到底行不行得通——「超出喝思樂寶果汁者的常識，甚至連他們會不會有興趣知道都不曉得」的東西能否成功。

所以，魯賓絲坦和行銷團隊想出一大堆讓人真假難辨的科學冷知識，開始把它們印在瓶蓋底下——顧客必須買來開瓶後才看得到。舉例來說：

科學真相＃12寫道：

袋鼠不會倒退。

科學真相＃73說：

平均每個人花在等紅綠燈的時間，一輩子加起來有兩個星期。

這些冷知識令人大感驚訝又很有趣，想不跟別人分享都很難。花兩個星期等紅燈變綠燈？太不可思議了！這個時間是怎麼算出來的？想想看，這麼長的時間我們可以拿來做其他多少有意義的事！如果你剛好跟朋友一起買思樂寶果汁來喝，你們肯定在跟對方說自己手上的瓶蓋底下寫了什麼，就像你和家人在中國餐廳吃完飯後，打開幸運餅乾一樣（譯注：一種多層的小甜餅，內藏一張紙條，印有祝人好運的字句）。

思樂寶的科學冷知識簡直無人不知，無人不「聊」，所以已經成了美國文化的一部分。有幾百個網站把思樂寶千奇百怪的科學冷知識，按年分整理出來；喜劇演員會在表演中將它們調侃一番；有些科學真相實在太令人匪夷所思，所以大家對於它們的正確性爭論不休（是啊，袋鼠不會倒退這個說法很扯，但卻是事實）。

你知道皺眉頭消耗的熱量比微笑多嗎？那麼，一隻螞蟻可以抬起自己重量五十倍的東西呢？以前你可能不知道。但人們會互相分享這些冷知識，同樣也會分享思樂寶飲料的科學真相，因為它們實在是太不可思議了，不得不讓人另眼相看。當一個人在說不可思議之事時，社交身價自然也跟著水漲船高。

愈不可思議，愈常被談論

「不可思議」（remarkability）可以定義為不尋常、特殊，或者值得注意或關心。不可思議之事，可以是因為它令人覺得很新奇、很意外、很極端，或者純粹就是有趣。但最重要的一點是，這件事要值得談論、值得提起。知道玻璃球可以彈得比橡皮球高，實在是太驚人、太酷了，所以你非提起它不可。

不可思議之事能賦予人社交身價，因為談起它的人似乎……呃，不得不讓人刮目相看。有些人喜歡成為人群中的靈魂人物，但沒有人想當個掃興的討厭鬼。我們都希望受人歡迎，渴望獲得社會認同是人類基本動機之一。如果我們跟某人說一個不可思議的思樂寶冷知識，會讓我們顯得更迷人；如果跟某人提起一家藏身於熱狗店內的祕密酒吧，會讓我們顯得更酷。跟別人分享特別、新奇或好玩的消息和廣告，會讓自己顯得更與眾不同、新奇又有趣。這樣的人聊起天來談笑生風，自然會有更多人想找他一起吃飯，而且很可能擇日再續。

無怪乎，愈不可思議之事愈常被人提起。華頓商學院另一名教授羅谷・顏格（Raghu

Iyengar）和我在一項研究中，分析了到底有多少公司、產品和品牌的口碑在網路上流傳。我們檢視了多達六千五百項產品和品牌，從富國銀行（Wells Fargo，美國第五大銀行）和臉書，到村紳餐廳（Village Squire Restaurants）和傑克林肉乾（Jack's Links），任何你想得到的產業，從銀行和貝果店到洗碗皂和百貨公司，形形色色。然後，我們請民眾為每件產品或品牌的顯著性打分數，並分析這些評價與它們被當作話題討論的頻率之間有何關聯性。

結果很清楚：像臉書或好萊塢電影這類不可思議的產品，比起富國銀行和泰諾止痛藥（Tylenol）這些略遜一籌的品牌，被大家提到的次數幾乎是後者的兩倍之多。推文愈有趣，被轉推的次數愈多，而有趣或令人吃驚的報導更有可能躍上《紐約時報》熱門轉寄排行榜（Most E-Mailed list）之列。

不可思議性解釋了為什麼人們會分享八歲小女孩精確背誦饒舌歌詞的影片；也解釋了為什麼我姑姑會轉寄一則故事給我，說有隻郊狼被車子撞上，卡在擋泥板上六百英里後，還活了下來！甚至因為不可思議性，我們知道為什麼醫生談起某些病人的機率，會比其他病人高。每次急診室有病患因為特殊原因送醫（例如，吞了一個非常令人匪夷所思的東西），醫院裡每個人都會聽說這件事。每當醫院發出粉紅警報（code pink）暗示有人要擄走小孩，即使後來證實是虛驚一場，也會鬧出大新聞；反觀，藍色警報（code blue）通知有病患心跳停止需要現場支援CPR，多半無人聞問（譯注：近年醫院將緊急廣播求助機制的顏色代碼標準化，以利緊急應變迅速準確）。

愈誇大，愈不可思議

不可思議性也是造成故事隨時間演變的原因。一群伊利諾大學心理學家招募了幾對學生，進行一項看似針對團體規劃與表現的研究。學生被告知必須共同煮一頓簡單的菜餚，並會被送往一家營業餐廳的廚房。他們面前擺放著備餐所需的全部食材，有成堆的綠葉蔬菜、Q彈雞肉和鮮嫩蝦仁，只要切一切丟進鍋裡就行了。

但是，接下來事情的發展變得很有趣。在這些蔬菜和雞肉當中，研究人員偷藏了一隻小小的，但絕對令人毛骨悚然的蟑螂。啊！學生們大聲尖叫，並且拒絕再下廚。

在混亂平息後，實驗主事者說一定有人跟他們開了個玩笑，並迅速取消了研究。但是他並沒有草草結束就將人送回家去，反而建議他們參與另一項就在隔壁進行的研究（所以，一點也不麻煩）。

所有人往隔壁移動，但他們在途中被問到剛剛發生了什麼事。一半的人由實驗主事者向他們發問，另一半的人則由某個很像「學生」的人發問（其實是偽裝來協助這次實驗）。

結果，參加實驗的學生對實驗主事者和偽裝學生者，說出來的故事大不相同。如果他們是跟另一個學生說，換言之，如果他們試圖讓故事精采有趣，而不僅僅是據實以報，那麼蟑螂會被說得更大、更多，整件事也變得更加噁心。學生將事件細節誇大，為的是讓故事聽起來更不可思議。

我們都有類似的經驗。上次我們去科羅拉多州釣魚時，釣到了多大隻的鮭魚？家中嬰兒半夜會醒來哭幾次？

通常，我們甚至並沒有要誇大其辭，只是無法回想起事情的所有細節。記憶，並非如影印機般將發生過的事如實無誤地烙印在腦海裡，反而更像考古學家所拼湊起來的恐龍骨架，主要骨架還在，但少了幾塊小東西，於是我們盡可能把缺少的部分填補進去。我們做了合理的猜測。

但在這個過程中，故事往往會變得更誇張或更有趣，尤其是在一群人面前說起時，更是如此。我們並非只是隨意猜測而已，我們會補進讓別人覺得我們很厲害（而不是蹩腳）的數字或資訊。魚大了兩倍；小嬰兒半夜哭鬧不只三次——那不夠看——她醒來十次，而且每次都要父母用盡方法安撫，才能再次入睡。

這就像耳邊傳話遊戲。當故事從一個人接著另一個人傳遞下去，有些細節會被漏聽，有些會被誇大，然後一路下去變得愈來愈不可思議。

超出期望、製造神祕與爭議

找到內在不可思議性的關鍵，就是去思索讓事物變得有趣、驚人或新奇的要素是什麼。這個產品能做到沒有人認為辦得到的事情嗎（例如，用調理機把高爾夫球攪碎）？你的創意、理念或議題的成果，能夠超乎人們的想像嗎？

創造驚奇的方法之一，就是打破人們習慣的期待模式。以廉價航空為例，當你搭乘廉航時有什麼期待？狹小的座位、沒有電影、少得可憐的點心，以及服務不佳的經驗。但是第一次搭乘捷藍航空（JetBlue）的旅客，因為享受到超乎尋常的美好搭乘體驗，往往會廣為宣傳。你會有又大又舒適的座椅，有各種點心可以選擇（從泰拉紫薯片到動物餅乾都有），還能從椅背螢幕收看免費的直播星（DirectTV）衛星電視節目。同樣地，靠著提供神戶牛排、龍蝦和標價一百美元，巴克利牛排餐廳颳起一陣頂級旋風，靠的就是出奇制勝，打破一般民眾對乳酪牛排三明治的期待。

神祕與爭議性也能製造出不可思議的產品。《厄夜叢林》（*The Blair Witch Project*）就是最知名的代表作之一。電影發行於一九九九年，故事講的是三名學生前往馬里蘭州拍攝一部有關當地傳說「布萊兒女巫」的紀錄片。據說，他們失蹤了。觀眾聽說，電影是在找到他們於途中隨意拍攝的片段後剪輯而成，其真實性如何，沒有人知道。

通常，我們遇上這類爭議性的神祕事物會怎麼做？很自然地，我們會請別人幫忙找出答案。因此這部電影引起一片譁然，就是因為大家都想知道那究竟是不是真實事件的紀錄。它破壞了一個堅定信念（例如，女巫並不存在），所以大家想知道答案；而持反對意見的一方更是掀起激烈討論，這些軒然大波最後促成了電影大賣。用手持攝影機拍攝，預算大約只有三萬五千美元，但《厄夜叢林》的全球票房卻超過兩億四千八百萬美元。

事實上，不可思議性的最大好處是它一體適用。你可能認為一件產品、服務、創意或理念必須天生具有不可思議性，也就是說，你不能從外在賦予它們不可思議性。譬如，相較於客戶服務指南或烤麵包機，新科技產品或好萊塢電影本來就有更大優勢。一台烤麵包機會有什麼不可思議的優勢？

其實我們可以在任何產品、創意或理念中找到它的內在不可思議性，只要想想使它脫穎而出的特色是什麼。還記得布蘭德科公司，也就是我們在引言中談到的調理機製造商嗎？靠著找出自家產品的內在不可思議性，他們也可以讓全球幾百萬人都在談論一台無聊的老式調理機。而且他們可以不打任何廣告，只要五十美元的行銷預算就達成了。

衛生紙呢？實在很難有什麼不可思議的非凡表現。但幾年前，我在一次派對聚會上，讓衛生紙成了最熱門的話題之一。怎麼辦到的？我把一捲黑色衛生紙放在廁所裡。黑色的衛生紙？當時，根本沒人見過黑色的衛生紙。就這樣，那令人感到不可思議的黑色衛生紙成了派對上人們議論紛紛的話題。總之，只要突顯出一件產品、創意或理念不可思議的卓越優勢，就會成為人們津津樂道的話題。

運用遊戲機制

我少了二百二十二英里。

幾年前，我正在預訂從美國東岸到加州的來回機票，當時是十二月，年底向來是航空淡季，似乎是拜訪朋友的最佳時機。我上網仔細查看了很多航班選擇，最後發現一架直達班機，價錢比非直達班機還便宜。太幸運了！我起身去拿信用卡。

當我輸入常用的訂票號碼後，螢幕上出現了我的飛行里程數訊息。我累積了一定的飛行里程數，並在去年升級為美國航空的「貴賓級」顧客。為了享受各種「特別待遇」而升級為「貴賓級會員」，這似乎是行銷人動的歪腦筋，但你通常可以獲得比坐在經濟艙裡稍微好一點的待遇。我可以免費託運一件行李，可以享有好一點的座位讓雙腳多點伸展空間，而且理論上可以免費升級到商務艙（雖然，似乎從未真正實現過）。儘管不是什麼多了不起的事，但至少我不必付費託運行李。

今年我的行程更是滿檔，所以我盡量搭乘同一家航空公司，看樣子應該有機會升等。我還差一點就可以升等到下一個級數：高級貴賓。

但問題就出在「差一點」，我還差二百二十二英里。即使來回直飛加州，我還是達不到高級貴賓的飛行里程數要求。

話說高級貴賓的特別待遇，只比貴賓級稍微好一點。我可以免費託運三件行李，如果搭乘國際班機可以到貴賓休息室，還可以比之前早一點登機。沒什麼太特別的。

但是，我只差這麼一點！而且我只剩幾天可以搭機累積短少的里程數，這趟去舊金山的旅程是我最後的機會了。

所以，我做了所有一心只想獲得某樣東西，以致失去理性判斷的人所做的事——我付了更多錢，訂了需要轉乘的班機。

我沒有搭直飛班機回家，反而繞了一大圈，在波士頓停留了兩個鐘頭，只為了湊足里程數，以達到高級貴賓的門檻。

累積飛行里程數——好玩的遊戲

美國航空是最早推出主要貴賓會員制度的航空公司，時間是一九八一年。當初的概念是作為提供常客優惠票價的方法，但很快就演變成現在的獎勵制度。如今，全球有超過一億八千萬名旅客都會累積飛行里數。這些獎勵誘因成功讓數百萬名旅客只死忠於一家航空公司，每次在不同的城市轉機，或是選擇時段不適合的班機，為的只是確保可以增加自己心有所屬的航空公司的里程數。

我們都知道里程數可以兌換免費機票、飯店住宿和其他優惠，然而，大部分人從未去兌換自己累積的里程數。事實上，每年只有不到一〇％的里程數獲得兌換。專家們估計，被常客束之高閣的飛行里程數，高達十兆英里，可往返月球一千九百四十萬趟。真的是很可觀啊！

既然常客並未真的去使用，為何還這麼熱衷，甚至不嫌麻煩地累積里程數？

因為這是一個好玩的遊戲。

善用內在激勵與社會比較

想想你最喜歡的遊戲，可能是下棋、運動、電玩或手機遊戲，也或許你喜歡玩單人紙牌，或沉迷於數獨。你是否想過自己為什麼會對這些遊戲樂此不疲？為什麼你會玩到不想停？

遊戲機制（game mechanic）就是一種遊戲、App或程式的基本元素，它包含了遊戲規則與回饋迴路，所以你玩起來會覺得既刺激又好玩。像分數、等級和紀錄保持人這些東西，就是要讓玩家知道自己在遊戲中的厲害程度。好的遊戲機制會一直吸引人去玩，而且欲罷不能。

遊戲機制所使用的第一種手法是**內在激勵**。我們都喜歡追求成就，有形的進步證據（如解出困難的數獨，或晉級到下一關）讓人自我感覺良好。所以分數等級會鼓勵我們加油努力，特別是當我們快達成目標時。以咖啡店推出的買十送一集點卡為例，確實刺激了消費者在快集滿十點的時候，更頻頻去買咖啡，然後就可以免費兌換一杯犒賞自己。

不過，遊戲機制也可以透過鼓勵「社會比較」，應用在人際關係上。

幾年前，有人請哈佛學生做一個看似很簡單的選擇：有一份工作年薪五萬美元（選項A），和一份工作年薪十萬美元（選項B），他們會選擇哪一個？

好像很無厘頭，對嗎？每個人應該都會選擇B。但有一個條件：選項A，你領到的薪水是其他人的兩倍，其他人只領兩萬五千美元。而選項B，你領到的薪水是其他人的一半，其他人會領二十萬美元。所以選項B領到的薪水總額比較高，但卻不如周遭其他人。

大部分人選擇了哪一個？

選項A。他們寧可過得比別人好，即使那意謂自己領到的錢比較少。他們選擇了絕對值較差，但是相對值較佳的選項。

人們不僅關心自己的表現，也關心自己相較於其他人的表現。提早幾分鐘登機是升級為高級貴賓一個還不錯的禮遇；但是你之所以覺得不錯，是因為可以比別人早登機。等級的作用有二：一方面，我們隨時可以知道自己的絕對落點；另一方面，它也讓我們清楚知道自己相較於其他人的相對位置。

與其他許多動物一樣，人類也重視階級。人猿群居有地位高低之分，狗群也會試圖找出誰是老大，人類也一樣，我們喜歡位高權重或是成為群體中領袖人物的感覺。但是，地位本身就是相對性的。身為團體領袖意謂你必須帶領一群人，而且表現得比別人更傑出。

遊戲機制有助於展現社交身價，因為表現傑出會讓人看起來更風光。人們喜歡誇耀自己的成就：高爾夫球差點，或是孩子的SAT成績。我的一位朋友是達美航空（Delta Airlines）的白金會員，每次搭機就會在臉書上大肆吹噓，說他在達美航空商務貴賓室看到有個傢伙跟空服員搭訕，或是他被升級到頭等艙等等。畢竟，一個人再怎麼風光，沒人知道又有什麼用？

倒是他每次驕傲地分享自己的會員特權時，就等於是在幫達美航空做免費宣傳。

這就是遊戲機制提升口碑的原因。人們之所以要分享，就是因為他們想要炫耀自己的成就，但同時也提到了品牌（達美或推特），或是自身成就的領域（高爾夫球或SAT）。

一目了然的遊戲分級系統

要運用遊戲機制，必須量化個人表現。有些領域如高爾夫差點和SAT成績，都有本身的一套既定評量機制，人們很容易就能看到自己的表現，也可以跟其他人做比較，不需要其他任何協助。但如果一項產品、創意或理念無法自動做到這一點，就必須將它遊戲化。評量機制必須能提供數據或紀錄，讓人們可以一目了然自己的落點。例如利用圖示符號，讓使用者知道他們在社群留言板上的發言多寡；或利用顏色來區分球賽季票的持有人。

航空公司在這方面就做得很好。飛行里程酬賓制度是一項空前做法，沒錯，客機商業化已經超過半世紀，但直到近年，搭機旅行才被遊戲化，各家航空公司才開始玩里程數與酬賓優惠的遊戲。由於貴賓身分能賦予人們社交身價，所以大家很喜歡把它當成話題談論。

運用遊戲機制也有助於人們宣傳自己的成就。當然，一個人可以誇耀自己做得有多好，但如果有一個**具體可見的視覺符號**可以向別人展示，絕對更好。Foursquare是個提供在地資訊服務的社群網站，使用者可以在酒吧、餐廳和其他地方，利用手機等行動裝置「打卡」。打卡有助人們找到朋友，但Foursquare也會依照使用者的打卡紀錄頒發特別徽章（Badge）作為獎勵。只要六十天內在一地的打卡次數領先所有人，便能榮獲該地的「市長」（Mayor）徽章；在五個不同機場打卡，便會得到「空中飛人」（Jetsetter）徽章。這些徽章不只張貼在Foursquare網站的使用者個人帳號上，由於它們可以展現社交身價，使用者也會把徽章放到自己臉書頁面顯眼的地方。

就像我的達美航空白金會員友人，人們是為了炫耀，或是因為感到驕傲而貼出這些徽章，但他們同時也推廣了Foursquare的品牌。

高明的遊戲機制甚至可以無中生有，創造成就。航空公司將顧客忠誠度轉換成貴賓身分，Foursquare頒發優越徽章給地方酒吧常客。線上遊戲商利用臉書粉絲人數，也成功讓玩家昭告天下，甚至自誇他們每天花好幾小時在電玩上。

有效的遊戲化分級系統簡單易懂，甚至連對該領域不甚熟悉的人都能一目了然。當個「市長」聽起來不錯，但是如果你到街上問問，我敢說大多數人都無法告訴你，那跟「放學之夜」（School Night）徽章、「超級用戶」（Super User）徽章，或任何Foursquare提供的一百多種其他徽章比起來，究竟孰優孰劣。

信用卡公司也遇到相同瓶頸。過去，金卡的申請條件嚴格，只有付款紀錄優良的高額刷卡人才可以申請，但是隨著各家公司開始提供各種信用卡申請之後，金卡就喪失了其意義。所以業者又想出新名堂，提供真正的信用卡大戶一些新選擇：白金卡、藍寶石卡、鑽石卡，以及其他各種名目。但是哪種貴賓等級較高，鑽石卡或藍寶石卡？白金卡比藍寶石卡等級高還是低？這些五花八門的顏色、礦石和術語，造成信用卡會員等級紛亂，搞得顧客頭昏眼花，沒有人清楚知道自己的會員等級算不算高，更別說跟別人比起來如何了。

反觀奧運或其他田徑比賽頒發的優勝獎牌，如果有人說他贏得金牌，你很清楚知道他的表現有多麼傑出，連對田徑賽事幾乎毫無概念的人，也可以馬上分辨出誰是明星，誰是B咖或C咖。

英國眾多超市採用了一種類直覺標籤系統。就像聚光燈一樣，他們用紅色、黃色，或綠色圈圈，來標示各種不同產品中的糖、鹽和脂肪含量。低鈉三明治是用一個綠色圈圈標示鹽含量，鹹湯品則標示了一個紅色圈圈。任何人都可以一眼看出這個系統的模式，馬上判斷出各種標示代表的意義。

許多競爭也涉及遊戲機制。英國時裝品牌Burberry架設了一個名為「風衣的藝術」（Art of the Trench）的網站，是人們穿著各式風衣的照片合輯。有些照片是由世界頂尖攝影師所拍攝，但一般大眾也可以上傳自己或朋友穿著Burberry代表性風衣的照片，運氣好的話，Burberry會把你拍攝的照片貼到網站上，成為Burberry反映個人風格全球性圖像合輯的一部分。

想像一下，如果你的照片被選中貼到網站上，你會激動得想要做的第一件事是什麼？你會告訴別人！而且不是只有一個人，是很多人。

顯然，所有人都是如此。Burberry網站吸引了來自數百個不同國家、好幾百萬人的點閱。這項「賽事」為Burberry提升了五〇%的銷售量。

食譜網站鼓勵人們把完成的菜餚拍照上傳；減重或健身課程希望學員的前／後對照相片，可以讓其他人看看他們上課的成果有多好。華盛頓特區一家新開的酒吧，店中的一種酒甚至用我最好朋友的姓氏來命名，叫做肯德基·艾爾比（Kentucky Irby）——我朋友的姓氏就是艾爾比，他覺得與有榮焉，所以他跟所有認識的人說他知道那裡有這種酒，等於幫這家新開張的酒吧做了免費宣傳。

頒獎也是利用相同的原理。受獎人喜歡誇耀自己得獎，這讓他們有機會告訴別人自己有多優秀，但在說的同時，他們也必須提及頒獎方。

口碑宣傳還可以來自票選活動。利用公開投票決定最後贏家，參賽者會鼓吹周遭親友支持，但是在請別人投自己一票的同時，參賽者也為贊助比賽的產品、品牌或行動打開了知名度。不必公司自己直接行銷，比賽會讓想贏的人來幫它們做宣傳，打響名號。

這把我們帶到了提高社交身價的第三種方法——讓人們覺得自己是個內行人（insider）。

讓人們覺得自己是個「內行人」

二〇〇五年，班・費奇曼（Ben Fischman）接任「聰明購物」折扣網站（SmartBargains.com）執行長。這個網站從服飾、床具到家飾品和行李箱應有盡有，其商業模式很簡單：公司想要大清倉或有多餘的貨品，都可以直接便宜賣給聰明購物網，他們再把這些東西賣給消費者。琳瑯滿目的商品價格，通常比零售店便宜七五％以上。

但是到了二〇〇七年，網站的經營日漸慘澹。利潤本來就低，當消費者對這個品牌的熱情褪去，它的優勢也日薄西山。許多相關網站如雨後春筍般相繼成立，聰明購物網只得拚命想辦法讓自己有別於眾多競爭對手，走出一條不同的路。

一年後，費奇曼成立了一個新網站叫做「璐拉拉」（Rue La La）。網站打出高檔設計師設計的商品，但採取「限時拍賣」，消費者必須把握短短的限定時間——二十四小時或者最多幾天。璐拉拉也跟進時裝業的樣品特價銷售（sample sales）模式，只有會員可以下單，而要加入會員只能透過既有會員的邀請。

璐拉拉的銷售業績一飛沖天，網站也經營得有聲有色。事實上，就是因為太好了，所以費奇曼在二〇〇九年把兩個網站以三億五千萬美元脫手。

基於一項小細節，璐拉拉的成功特別值得一提。

璐拉拉銷售的產品和聰明購物網沒什麼不同，同樣的洋裝、裙子、西裝和鞋款。那麼究竟是什麼原因讓原本奄奄一息的網站，變成了人人想躋身進入的消費天堂？璐拉拉憑什麼可以如此成功？

答案是，它讓人們覺得自己是個「內行人」。

璐拉拉三限——限量、限時、限會員

在思索要怎麼拯救聰明購物網時，費奇曼注意到網站業務中有一個部分出奇地好，那就是「忠實顧客俱樂部」。消費者加入後可以得到運費折扣，也能進入個人購物區，不讓交易情況曝光。俱樂部只是網站上一個無足輕重的業務，但會員人數卻不斷攀升。

同時，費奇曼獲悉法國有一種稱為「Vente Privée」的會員專屬私人特賣會，線上限時拍賣時間只有一天，費奇曼認為這是他的事業要成功轉型的最佳之道，於是決定將此概念運用在自己的網站上。

果不其然，璐拉拉一舉成名，因為它聰明地利用**迫切性**因素。網站每天早上十一點都會推出新的優惠品項；但前幾個月優惠品項總是供不應求，每天不到三分鐘就銷售一空。所以顧客知道，如果他們不馬上搶購，就會錯失良機。

隨著會員人數增加，璐拉拉始終維持其限量商品限時搶購模式。網站仍然在第一個小時內就賣出四〇%至五〇%的所有品項。銷量持續增加，但不是整天下來遞增，而是在早上十一點時交易達到最高峰，搶購人潮與交易金額便不斷地衝高。

採取會員專屬模式也讓網站會員覺得自己像是私人貴賓，就像拉起天鵝絨繩防止一般舞客走進會員專享的夜總會，人們會認為如果必須先成為會員，那麼這地方絕對值得光顧。

璐拉拉的會員是網站的最佳宣傳大使，他們的一句好話比任何廣告的成效都大。正如費奇曼所言：

那就像飯店的門房。你走向門房請他介紹餐廳，然後他馬上告訴你一家餐廳的名字。合理的臆測是有人買通他建議那家餐廳，其實那地方可能很普通。但如果是朋友推薦，你便會迫不及待地想一探究竟。所以當朋友推薦璐拉拉，你會相信他們，然後你會上網試試。

璐拉拉發揮了好東西跟好朋友分享的力量。

利用物以稀為貴與獨享策略

或許，乍看之下不是那麼明顯，其實璐拉拉和本章一開始提到的隱密酒吧「祕密基地」有著異曲同工之妙。兩者皆是利用物以稀為貴和專屬獨享的誘惑，讓客人覺得自己是熟門熟路的內行人。

稀有性關係到供應量。稀有性會因為高需求、限量、限時和地點少，而難以取得。隱密酒吧祕密基地就只有四十五個座位，而且客滿為止；璐拉拉的優惠商品只開放二十四小時搶購，有些甚至不到三十分鐘就全部售罄。

專屬獨享也關係到可取得性，但稍有不同，專屬獨享只容許某些符合特定條件的人享有。提到專屬獨享，我們很容易想到高價奢華的勞力士鑲鑽名錶，或是在聖克羅伊島（St. Croix）與電影明星把酒言歡，但是專屬獨享並非僅限於有沒有錢或名氣而已，還涵蓋消息靈通、知道特定訊息，或認識有門路的人；祕密基地與璐拉拉就屬於後者。你不需要是名人才能進入這家酒吧，但因為它太隱密了，所以只有某些人知道它的存在。璐拉拉的商品用錢也買不到，除非你被人邀請加入會員，所以你必須認識一位他們的既有會員才行。

稀有與獨享能讓產品看起來更彌足珍貴，促使人們瘋狂追求。如果一件東西得來不易，人們便認為它絕對值得全力爭取。如果一件東西沒了或賣完了，人們通常會推測它廣受喜愛，所以絕對是好東西（這部分我們會在〈曝光〉那章再詳述）。因此，限量版的食譜書會更受人青睞，稀有的餅乾會讓人覺得更美味，並非到處可見的絲襪也會讓人覺得更高級。

迪士尼利用相同的概念，提高了百年精選好片的需求。他們把市面上所有迪士尼的代表性動畫作品（如《白雪公主》和《小木偶》）全都下架，只在「迪士尼動畫頻道」（Disney Vault）播出，然後見機行事決定何時發行。這種限定模式，讓我們覺得必須馬上行動，如果不馬上行動，機會可能稍縱即逝，即使我們原先並不覺得有那麼機不可失。[1]

稀有與獨享也會讓人覺得自己是內行人，而更樂於昭告眾人。如果一個人得到了並非人人都有的東西，他會覺得自己與眾不同、很有身分地位；以致顧客不只喜歡你的產品或服務，他們還會告訴其他人。為什麼？因為跟別人說，可以讓他們很有面子。內行人就是一種社交身價。當一個人排隊等上好個幾小時，終於拿到最新款的科技產品時，他接下來馬上做的事情之一就是拿給別人看。你看，我拿到什麼了！

為了不讓你誤以為只有酒吧和服飾等行業運用獨享策略，讓消費者覺得自己是內行人而獲益，接下來我會告訴你，麥當勞如何利用豬雜創造社交身價。

有錢不一定吃得到麥克豬肋排堡

一九七九年，麥當勞推出麥克雞塊，大受顧客歡迎，全美所有連鎖分店紛紛下單訂貨。但當時麥當勞沒有一套完善的系統足以應付所有的需求，所以行政主廚雷內．阿蘭德（Rene Arend）被賦予重任，必須開發出另一種新菜色，給那些沒辦法訂到足夠麥克雞塊的分店，讓他們可以欣然接受替代品，不受貨源供應不足的影響。

阿蘭德開發出了一種豬肉三明治，取名為「麥克豬肋排堡」（McRib）。他剛從南卡羅萊納州查爾斯頓市旅行回來，那裡的南方烤肉給了他靈感，他愛極了烤肉的煙燻重口味，認為把它拿來作為麥當勞菜單上的新選擇非常理想。

但名不符實的是，麥克豬肋排堡其實只有少少的肋排肉。請想像把一塊漢堡肉壓製成豬肋骨排的形狀，剔除骨頭（和絕大部分高級豬肉），加入烤肉醬，最上面鋪一些洋蔥和酸黃瓜，再放進漢堡包裡，差不多就做好麥克豬肋排堡了。

不談缺少肋排肉的部分，麥克豬肋排堡在市場上試水溫的結果還不錯。麥當勞歡欣鼓舞地立刻把這個新口味增加到全國分店的菜單上，從佛羅里達到西雅圖，每家店都吃得到麥克豬肋排堡。

但是，銷售數字的回報遠低於預期。麥當勞用廣告和主題餐來提高買氣，依舊沒有太多起色。幾年後，麥當勞放棄麥克豬肋排堡，對外聲稱是美國人對豬肉不感興趣之故。

十年後，麥當勞找到一個聰明的方法提高麥克豬肋排堡的需求。他們沒有花半毛錢打廣告，也沒有改變售價，甚至沒有變化口味；他們只是讓麥克豬肋排堡變成稀有商品。

有時候，麥當勞會讓它重回全國菜單，但只限定於某一段時間；或者只出現在某些地方，別家吃不到，也許這個月只在堪薩斯、亞特蘭大和洛杉磯等分店供應，兩個月後變成只有在芝加哥、達拉斯和坦帕灣才吃得到。

這個策略成功了。顧客對豬肋排漢堡趨之若鶩，臉書上有群眾開始向麥當勞發出呼籲：「我們要豬肋排堡！」支持者在推特道出他們對豬肋排堡的喜愛：「太幸運了，我知道豬肋排堡耶！」而且互通有無，告訴網友要去哪裡才吃得到，甚至有人在網路上成立了「麥克豬肋排堡情報站」（McRib locator），讓粉絲們可以隨時掌握最新訊息。這一切都是為了那一塊混雜著豬肚、豬心和豬胃的漢堡肉。

重點是，讓人們覺得自己是內行人可以造福各種產品、創意或理念。無論這項商品是又酷又新潮的玩意，或是剩下的豬雜漢堡肉。一個鐵錚錚的事實就是，當一樣東西無法隨手可得，就能讓人們覺得它更加彌足珍貴，而且還會告訴別人，因為知道或擁有這件東西，可以展現自己的社交身價。

有錢不一定能使鬼推磨

幾年前，我經歷了男人必經的一個階段，我加入了一支虛擬的美式足球聯盟球隊。

虛擬足球已經成了美國最熱門的非正式休閒活動。基本上，參加虛擬足球聯盟就像是帶領一支虛擬球隊的總經理。上百萬人投入不計其數的時間，網羅球員、籌組最佳戰力、調整上場球員名單，還得注意球員每週的表現。

以前，我總覺得人們花這麼多時間在一項根本是觀眾型運動的東西上有點可笑，但是當一群朋友說還少一名成員，問我要不要參加時，我還是決定加入了，有何不可呢？

想當然，我完全沉迷於其中。我每週要花上好幾個小時瀏覽備忘錄，查看從未聽過的球員資料，努力找出別人尚未安排上場的冷門球員。當球季一展開，我發現自己每場球賽都不會錯過，跟以前判若兩人。我不是在看地主隊有沒有贏，而是在看那些自己一無所知的球隊，查看自己挑選的球員哪幾個表現得比較好，然後每週調整我的上場球員名單。

但是，其中最有趣的部分是什麼？

我做這些事情完全是免費的。沒人付我錢叫我花這麼多時間做這件事，我的朋友們和我甚至沒有對賭最後的勝負。我們純粹是為了好玩，還有，當然是為了自吹自擂。因為當你比別人眼光準確，押對寶選對球員，就展現了你的社交身價，所以每個人都興致高昂努力求勝，即使沒有金錢驅使亦然。

這件事的寓意？不需要用錢也能激發人們的動力。當經理人試圖激勵員工時，往往訴諸金錢誘因，有些則利用禮物或其他津貼驅策人們行動，但這不是正確的激勵方法，如果你付人們一百美元去做一件事，很多人會拿朋友做比較。提供黃金和鑽石製成的藍寶堅尼（Lamborghini）模型車給贏家，他們幾乎什麼事都願意做。但就和大多數金錢誘因一樣，送出藍寶堅尼模型車所費不貲。

此外，一旦付錢請人做事，就會澆熄他們的內在驅力。人們喜歡談論自己喜愛的公司和產品，而且每天有幾百萬人不必付錢給他們，也樂此不疲。然而一旦你提議付錢請人引薦其他顧客上門，他們主動做這件事的興致就消失了。因為顧客決定究竟要不要跟人分享，已經不再是基於他們對產品或服務的好惡程度；反之，拿人錢財做事，最後會導致口碑的質與量取決於拿到的金錢多寡。

長期而言，社會誘因（例如，社交身價）效益更大。Foursquare社群網站並沒有付錢給使用者叫他們去各地酒吧打卡，航空公司也沒有給貴賓會員折扣；但只要驅動人們想看起來風光、有面子的欲望，顧客自然會為你做所有的事——而且是免費為你做宣傳。

怎麼做才可以讓大家談論，讓我們的產品、創意或理念蔚為「瘋」潮？一個方法是打造社交身價。人們喜歡留給人好印象，所以我們必須讓自家產品有辦法做到這一點。就像布蘭德科調理機「這會被攪碎嗎？」的影片一樣，我們必須找到產品的內在不可思議性；就像Foursquare社群網站或航空公司對貴賓會員一樣，我們必須善用遊戲機制；就像璐拉拉一樣，我們必須利用稀有性與獨享的誘惑，讓人們覺得自己是內行人。

這種談論自己的驅力，把我們帶回到本章一開始所提到的隱密酒吧祕密基地。這家酒吧的老闆是個聰明人，懂得祕密能提高社交身價；但他們懂的可不只如此。

在你付錢買單之後，侍者會遞給你一張名片，全黑的名片，就像靈媒或巫師的召喚卡一樣。卡片上唯一的紅色字樣，是店名「祕密基地」和一個電話號碼。

所以，業者所做的一切看似都是為了讓這地方保持低調，但他們最終還是要確定你有祕密基地的電話，以備不時之需；萬一哪天你想跟別人說這個祕密時，就能派上用場。

注釋

1 「取得困難」不同於「無法取得」。確實，要訂到祕密酒吧的位子很不容易，但只要電話撥得夠勤，你應該還是可以訂到位。雖然璐拉拉只開放給會員，不過該公司後來制定了一項新政策，非會員只要留下email就能申請到購買資格。這種初期採用稀有性與會員專屬獨享，後來放寬限制的策略，尤其適用於創造需求。

此外，也要留意這種限制取得的做法，一不小心就會予人高傲或冷漠的感覺。人們向來習慣取得他們想要的東西，如果他們聽到「不行」或「沒有」，往往會轉而尋求其他管道。在祕密基地酒吧，吉姆．米漢提出一套因應方法指導員工處理這個問題。米漢告訴員工，如果必須說「不」，他們最好想辦法，改成說「不，但是」。譬如「沒有空位了，很抱歉，我們八點半的位子全都被訂滿了，但是十一點可以嗎？」或是「沒有，我們沒有X品牌，但是我們有Y品牌，您願意試試看嗎？」藉由處理顧客的失望，祕密基地不僅得以繼續維持酒吧的吸引力，也滿足了顧客。

2

觸發物

Triggers

為什麼有些產品更常被人談論？研究發現，更常觸發人們想到的產品可以增加15%的口耳相傳。再者，被觸發的產品不僅可以獲得立即性口碑，還能持續創造出更多口碑。

「迪士尼樂園」，跟八歲以下的孩子說出這幾個字，然後就等著他們發出興奮的尖叫吧！每年有超過一千八百萬人從全球各地湧入加州奧蘭多迪士尼樂園，大朋友熱愛挑戰可怕的「飛越太空山」和「古堡驚魂」等自由落體設施；小朋友盡情體驗「灰姑娘城堡」的魔力、探索「叢林巡航」非洲河流的刺激；就連大人跟人見人愛的迪士尼主角米老鼠和高飛狗手牽著手一起溜冰時，臉上也滿是笑容。

我印象中第一次到迪士尼樂園玩是在一九九〇年代初，想到當時的情景我還是忍不住嘴角上揚。堂弟和我從觀眾席裡被選上台，一起扮演喜劇影集《夢幻島》（*Gilligan's Island*）的蓋里甘（Gilligan）和船長（Skipper）。當我成功將船駛向安全的地方，儘管被澆了幾十桶水，我臉上狂妄的勝利表情，至今仍是家族津津樂道的傳奇。

現在，把這些歡樂無比的畫面和一盒「蜂蜜堅果燕麥圈」（Honey Nut Cheerios）做比較。是的，就是包裝盒上有著一隻吉祥物蜜蜂，宣稱「把營養的燕麥圈裹上令人難以抗拒的美味黃金蜂蜜」的一種美國傳統早餐穀片。蜂蜜燕麥圈被公認為相當健康，但甜度仍然能吸引孩子和嗜甜的人，而且已經成為許多美國家庭的早餐主食。

你認為是迪士尼樂園，還是蜂蜜燕麥圈更常被人提起？是神奇王國，這個自稱讓人夢想成真的地方？還是蜂蜜燕麥圈，這個有助降低膽固醇的全麥早餐穀片？

顯然，答案是迪士尼樂園，對吧？畢竟，談論你在那裡的冒險，比討論你早上吃了什麼有趣多了。如果說口碑專家們有什麼共識，那就是如果要引起人們的談論，就一定要「有趣」，大部分口碑行銷學的專書都會這樣寫，社群媒體專家也會這樣說。有位提倡口碑的大師就說了：「沒人會談論無聊的公司、無聊的產品，或無聊的廣告。」

很遺憾，他錯了。每一位主張有趣才是王道的人，都錯了。而且唯恐你認為這與我們在第一章所談的社交身價相矛盾，請你繼續看下去。事實上，人們談論蜂蜜燕麥圈的頻率，更甚於迪士尼樂園。原因何在？是「觸發物」。

口碑經紀——口碑製造機

沒有人會把戴夫．巴爾特（Dave Balter）誤認為是熱門影集《廣告狂人》（*Mad Men*）裡，麥迪遜大道上財大氣粗的企業家。他年紀輕輕，只有四十歲，而且外表看起來更年輕，一張柔和的臉龐，配上一副金框眼鏡，以及一臉開朗的笑容。他特別鍾情於行銷。沒錯，行銷。對戴夫來說，行銷並不是說服人們購買他們不想要或不需要的東西，而是激起人們對於他們發現確實有用、好玩或賞心悅目的產品真正的熱情。行銷，就是散播愛。

戴夫原本是那種所謂的「忠誠度行銷人」，尋找各種方法獎勵對某一特定品牌死心塌地的顧客。他曾創立並賣掉兩家廣告公司，然後才創辦了現在的「口碑經紀」公司（BzzAgent）。

八十萬名試用大軍，美國人口縮影

口碑經紀的運作模式如下：假設你是飛利浦公司的員工，你們生產的鑽石靚白音波震動牙刷銷售成績不錯，但大部分的人都不瞭解這個新產品，或不知道為什麼他們要購買。現有的電動牙刷顧客正開始口耳相傳，可是你想加速口碑的廣傳，讓更多人談論這項產品，此時就是口碑經紀上場的時候了。

過去幾年來，這家公司已經組織了一個超過八十萬名試用者（BzzAgents）的網絡，或者說，已經有八十萬人說他們有興趣瞭解並試用各項新產品。雖然不是每個人都願意註冊成為口碑經紀的試用者，但戴夫的仲介網絡橫跨各年齡、收入與職業層級。主要試用者年齡分布在十八至五十四歲之間、受過良好教育，還有一份不錯的收入。老師、家庭主婦、專業人士、博士，甚至連公司執行長都是口碑經紀的試用者。如果你想知道究竟是哪些人會註冊成為口碑經紀的試用者，答案是：你。口碑經紀的試用者，就是美國主要人口的縮影。

當一個新客戶打電話來，戴夫的團隊就會翻遍他們龐大的試用者資料庫，找出符合期望的消費人口或消費心理檔案。飛利浦認為其電動牙刷主要消費族群是住在美國東岸、年齡介於二十五至三十五歲間的專業人士。是嗎？沒問題，戴夫旗下有幾千人隨時待命。你鎖定的是關心牙齒保健的媽媽上班族？他也有。

口碑經紀會聯絡合適的試用者，邀請他們參加行銷活動。同意的人會收到一份郵寄的試用盒，裡面有產品資訊、贈品券或免費試用品。譬如，參加電動牙刷行銷活動的人會收到一支免費牙刷，還有幾張面額十美元的牙刷折價券。參加塔可鐘墨西哥速食店（Taco Bell）行銷活動的人會收到免費的塔可餅兌換券，因為郵寄塔可餅到府確實有困難度。

然後，接下來幾個月，口碑經紀會做出一份報告，詳述試用者對於該項產品的評論。找這些口碑經紀試用者不需要花錢，這點很重要。他們會參加純粹是因為有機會獲得免費贈品，又可以比親朋好友更早知道新產品資訊，而且他們從來不會被強迫發表任何違心之論，不論他們喜不喜歡該項產品，都可以暢所欲言。

出自真心口耳相傳

第一次聽到口碑經紀時，有些人不認為這種商業模式行得通。他們堅稱，人們不會在每天的談話中主動提起各種商品。反正，聽起來就是不合常理。

但大多數人不明白的是，自己其實隨時都在談論各種產品、品牌和組織。每一天，美國人平均會做出十六次以上的口碑行動，他們會說一些關於某某公司、品牌、產品或服務的正面或負面評論。我們會跟同事推薦餐廳，跟家人說哪裡有好康，跟鄰居介紹負責任的保母。美國消費者一天提起某些特定品牌的次數超過三十億次。這種社交對話幾乎就像呼吸一樣基本，而且頻繁地發生，以至於我們甚至沒意識到自己正在這麼做。

如果你想對自己有更深刻的瞭解，何不把二十四小時內的對話全都記錄下來？隨身帶著紙筆，把一整天下來自己提到的每件事情都寫出來，你會驚訝於自己談論各種產品、創意或理念的次數有多麼頻繁。

基於對口碑經紀行銷活動的好奇，我也加入了試用者行列。我個人非常愛喝豆奶，所以當知名的有機豆奶品牌絲樂客（Silk）要為杏仁奶做行銷活動時，我非得試試不可。（他們究竟是怎麼從杏仁中提煉出牛奶成分的？）結果不只東西好喝，而且好喝到我就是不能不跟別人說。我跟一些不喝牛奶的人提起絲樂客杏仁奶，還給他們折價券自己去體驗。並不是我非這麼做不可，沒有人在一旁緊盯著我非說不可，純粹是因為我自己喜歡這個產品，而且認為別人也會喜歡。

這正是口碑經紀這類公司的商業模式能夠奏效的原因。他們不會強迫人明明討厭某樣產品，卻硬要說它有多好；他們也不會慫恿人們在與其他人談話時，虛矯地推薦某項產品。口碑經紀只不過聰明地利用人們談論，並和別人分享產品與服務這個既存事實，把一項受試者喜愛的產品拿給他們享用，他們就會樂得口耳相傳。

人們為什麼更愛聊某些產品？

口碑經紀已經幫時尚品牌勞夫羅倫（Ralph Lauren）、畸形兒基金會（March of Dimes）、智選假日飯店（Holiday Inn Express）等各種不同的客戶辦過幾百場行銷活動，其中有些活動更加成功，創造出更多口碑，為什麼？是因為有些產品、創意或理念就是比較好運，還是存在某些基本原則，讓大家更愛談論它們呢？

我提議協助找出答案。戴夫也很想知道結果，所以把他幾年來辦過的幾百場行銷活動資料給了我和我的同事艾立克・施瓦茲（Eric Schwartz）。[1]

我們從一個直觀想法開始測試：有趣的產品比無聊的產品更容易成為人們的談資。產品可能因為創新、刺激或超乎期望而令人覺得有趣，如果感興趣是引發人們談論的起因，那麼比起蜂蜜燕麥圈和洗碗精，他們應該會更常聊起動作片和迪士尼樂園。

直覺上，這個答案很合理。前一章〈社交身價〉中也提過，當我們跟別人談話時，除了交流資訊，也在展現自己。當我們激憤地聊起一部外國電影，或是表達我們對附近某家泰國餐廳的不滿時，其實也道出了自己的文化、烹飪知識和品味。由於我們希望讓別人覺得我們是個有趣的人，所以我們會找一些有趣的事情跟他們聊。畢竟，誰會想邀請三句不離洗碗精和早餐穀片的人去參加雞尾酒派對呢？

基於這個想法，廣告業者往往會設法拍一些看了會讓人大吃一驚，甚至震驚的廣告，像是跳舞的猴子，或是飢餓的野狼追著遊行樂隊跑等等。游擊式或病毒式行銷活動也是秉持相同的想法：讓人穿著公雞裝在地鐵站發送五十美元大鈔。總要做一些與眾不同的事情，否則不會有人談論。

但真的是這樣嗎？事情一定要有趣才會被談論嗎？

為了找出答案，我們拿著做過口碑經紀行銷活動的幾百項產品，請教民眾他們覺得每一項產品到底有多有趣。自動灑水清潔設備？新生兒臍帶儲存服務？這兩項似乎都很有趣。漱口水和什錦乾果仁？好像不太有趣。然後，我們把這些產品的有趣度評分，跟它們在十週行銷活動中被談論的次數加以比較，以找出二者的相關性。

結果是，一點關係也沒有。有趣的產品並不會比無聊的產品得到更多口碑傳播。

於是，困惑的我們退一步想，也許「有趣」這個說法不對，這個概念可能太模糊或太普通了。所以我們請受訪民眾針對更具體的面向給各種產品打分數，例如「創新」、「驚奇」等等。電動牙刷看似比塑膠收納袋創新；高跟鞋設計得與運動鞋一樣舒適耐穿，看起來比浴巾更令人驚奇。

但是，創新和驚奇的得分與整體口碑傳播結果之間也沒有關係，創新度或驚奇度略高一籌的產品不一定能引起更多的談論。

也許問題出在給產品打分數的人身上。之前我們找的是大學生，所以我們又重新找了一批人，涵蓋各種不同的年齡層和背景。

結果還是一樣，有趣、創新或驚奇程度與產品被人談論的次數之間，並無相關性。

我們實在百思不得其解，到底是哪裡做錯了？

都沒錯，事實就是如此。我們只是根本沒問對問題。

即時性口碑 vs 持續性口碑

我們一直把口碑的焦點放在是不是和哪些因素有關，尤其我們一直以為有趣、創新或令人驚奇的產品，是不是會有更多人談論。可是我們很快就明白了，我們應該也要檢視這些因素在**什麼時候**是至關重要的。

有些口耳相傳是即時性的，有些則是持續性的。假設你剛收到一封電子郵件，內容是關於一種花園廢棄物回收的創意設計。你那天會跟同事提起這件事嗎？那個週末會跟另一半聊起它嗎？如果會，你就是在做即時性口碑，也就是你在獲得一種經驗或新資訊之後，馬上就把它傳播出去。

持續性口碑剛好相反，涵蓋了你接下來幾個星期或幾個月內的談話。人們有時會聊起他們上個月看的電影，或是他們去年度假的事情等等。

這兩種口碑都很重要，但對某種產品、創意或理念而言，某種口碑要來得更加重要。電影有賴即時性口碑，電影院希望電影一上映就火紅賣座，否則他們就會換成其他電影上檔。新上市的食品也是類似情形，賣場裡商品貨架有限，如果消費者沒有馬上購買展示在架上的最新降膽固醇食品，店家可能就不會再採購這項商品。若是這類情形，即時性口碑就很重要。

但是對大多數的產品、創意或理念來說，持續性口碑也很重要。反霸凌宣導不只希望在活動期間學生會談論反霸凌的議題，還希望他們持續將此理念傳揚出去，直到霸凌從校園中被連根拔除為止。候選人提出新政策並受到廣泛討論絕對是有利的，但是真要動搖選民意向，民眾的議論紛紛必須持續到選舉當日。

然而，究竟是什麼原因使得事情一發生後，人們便馬上開始去談論它？這和人們繼續談論幾星期或幾個月之久的原因相同嗎？

為了回答這些問題，我們把口碑經紀行銷活動的數據分成了兩大類：立即性與持續性口碑。接著，我們檢視各種不同類型的產品所獲得的即時性與持續性口碑各為多少。

結果與我們之前的猜測一致，有趣的產品比無聊的產品獲得更多立即性口碑。這更印證了我們在〈社交身價〉一章所述，即有趣的東西更討人開心，而且對談論它的人也會產生正面效果。但是，有趣的產品並未隨著時間維持高度的口碑行動，有趣的產品並沒有比無聊的產品獲得更多持續性口碑。

想像一下，某天我裝扮得像海盜一樣走進辦公室，一條明亮的紅緞大手帕、黑色長背心、金耳環，加上一只眼罩。這副打扮應該很招人側目，我的同事們應該會八卦一整天（「約拿在搞什麼鬼？週末是該放鬆一下，但這也太超過了。」）；我的海盜打扮固然會立即引起軒然大波，但在接下來的兩個月裡，大家應該不會每個星期還三不五時地談論這件事。

所以，如果有趣並不能創造持續性口碑，那有什麼可以？是什麼讓人們持續談論一件事而樂此不疲呢？

從「火星」巧克力棒到投票：觸發物如何影響行為

在某時某刻，有些念頭會更容易從我們的腦海中蹦出。譬如，你現在或許正在思索所閱讀的字句，或想起了午餐吃的三明治。

有些東西是習慣性地隨時都會想到。一個體育迷或饕客就是如此，他們會不斷想到所支持球隊的最新比賽分數，或是想到如何運用各種食材烹煮出美味佳餚。

但是，周遭環境的刺激也可以決定哪些念頭會立即從我們腦海中浮現。舉例來說，如果你在公園慢跑時看到一隻小狗，或許會記起自己一直想領養一隻狗。如果你在經過街口的麵店時聞到中國菜的味道，或許會開始思考午餐要吃什麼。又或者當你聽到可口可樂的廣告，或許會想起家裡的汽水喝完了。視覺上、嗅覺上、聽覺上的刺激，都可以觸發相關事物在第一時間跳出你的腦海。炎熱的天氣也許會讓人想到氣候變遷。

使用一種產品就是一種強烈的觸發。由於人們喝牛奶的頻率多半高於喝葡萄汁，所以牛奶通常會優先浮現於腦海。但觸發也可以是間接的，在旅遊雜誌上看到海灘的照片，可能會讓人想起可樂娜啤酒。觸發物就像是周遭環境裡，提醒你相關觀念或想法的小東西。

火星、音樂、托盤

某些念頭或點子跳出腦海為什麼重要？因為它們會讓人做出行動。

回到一九九七年中，馬爾斯（Mars）糖果公司注意到，他們的「火星」巧克力棒意外大賣。他們非常驚訝，因為他們並沒有改變任何行銷策略。馬爾斯糖果既沒有投入額外的廣告費用，也沒有改變產品售價，更沒有做什麼特別促銷活動，但是銷售量卻不斷攀升。究竟發生了什麼事？

是美國航太總署（NASA）發生了事情。尤其是火星拓荒者號（Pathfinder）任務，這項任務是要收集距離地球最近的星球上的大氣層、氣候與土壤樣本。這個計畫花了多年時間準備，並耗資數百萬美元。當拓荒者號終於降落在外星土地上，全世界所有人都目不轉睛，所有新聞頭條都是美國航太總署的巨大勝利。

拓荒者號的目的地是哪裡？就是「火星」。

其實「火星」巧克力棒是以公司創辦人法蘭克林・「馬爾斯」（Franklin Mars）命名，而非九大行星中的火星（Mars）。但媒體對火星的關注意外變成觸發物，讓民眾想起這個巧克力零食，進而提高了銷售量。飲料品牌「陽光心情」（Sunny Delight）或許也該鼓勵美國航太總署展開太陽探索。

音樂研究學者亞瑞安・諾斯（Adrian North）、大衛・哈格雷夫斯（David Hargreaves）和珍妮佛・麥肯瑞克（Jennifer McKendrick），針對觸發物如何影響超市購買行為，做了更廣泛的研究。你知道你在購物時，經常聽到的背景音樂為何嗎？是這樣的，諾斯、哈格雷夫斯和麥肯瑞克巧妙地把它換成各國音樂播出，有幾天播法國音樂，有幾天播德國音樂。塞納河岸法國小館流瀉而出的音樂，對上德國慕尼黑啤酒節現場可以聽到的音樂。然後，他們計算消費者購買不同紅酒種類的數量。

播放法國音樂期間，大多數顧客購買的是法國酒；播放德國音樂期間，大多數顧客買的是德國酒。藉由觸發顧客想到不同國家，音樂也可以影響購物行為。音樂讓這些國家的相關念頭更容易浮出腦海，而這些念頭足以影響顧客的行為。

心理學家格麗安．費茲西蒙斯（Gráinne Fitzsimons）和我進行了一個鼓勵民眾多吃蔬果的相關研究。推廣健康飲食習慣不容易，大部分的人都知道自己應該多吃蔬菜和水果，很多人甚至會說他們有打算要多吃蔬果，但是不知怎麼地，每次該把蔬果放進購物車或是晚餐盤子時，就忘了。於是，我們想用觸發物來幫助他們記住。

我們花二十美元找來一群學生，請他們每天報告在附近餐廳吃的早、中、晚餐菜色。星期一，是一碗糖霜穀麥片、兩份火雞烤寬麵和一份沙拉，還有一份豬肉三明治、菠菜與炸薯條。星期二，是優格配水果與堅果、義大利辣香腸披薩和雪碧，以及泰式蝦仁炒河粉。

在兩週的飲食報告進行到一半時，我們請學生加入另一個看似不相干的實驗中，一位研究員請他們就以大學生為目標的全民健康宣導標語，表達自己的看法。為了讓他們把口號記起來，他們一共看了二十次用不同顏色與字體寫的標語。一群人看到的標語是：「健康的生活方式，每天吃五種水果和蔬菜。」另一群人看到的是：「每一個餐廳托盤上，每天都需要五種水果和蔬菜。」兩個標語都是鼓勵民眾多吃蔬果，但第二個標語使用了托盤作為觸發物。那些學生生活在校園，很多人在餐廳用餐時都會使用托盤，所以我們想要看看，如果利用餐廳托盤來提醒學生想到標語，是否可以觸發他們的健康飲食行為。

我們的學生不喜歡托盤標語，他們管它叫「老梗」，給它的評價是比一般「健康生活」標語更缺乏吸引力。此外，當他們被問到標語會不會影響他們個人的蔬果攝取時，看到「托盤」標語的學生有更多人的答案是：不會。

儘管如此，對於實際行為表現，它的影響卻是驚人的。實驗中，看到一般「健康生活」標語的那群學生，並沒有改變他們的飲食習慣；可是其他看到「托盤」標語，並在自助餐廳裡使用托盤的學生，其行為明顯出現了改變。托盤提醒了他們想起多吃蔬果的標語，結果他們的蔬果攝取量多了二五％。觸發物發揮了作用。

我們對於結果感到興奮不已。可以敦促大學生做任何事都是了不起的壯舉，更別說讓他們攝取更多蔬果了。然而當我們的一位同事聽到這項研究時，他便猜想觸發物的力量可以發揮在更重大的行為上——投票。

投票所影響投票行為

上一次選舉時，你在哪裡投票？大多數人都會回答個人居住的城市或州：埃文斯頓市、伯明罕市、佛羅里達州，或是內華達州。如果被要求更明確的回答，他們也許會補充說「在我的辦公室附近」或「在超市對面」等等。沒幾個人會講得再更明確了。再說，有必要嗎？雖然地理位置確實會影響選情——東岸偏向民主黨，南方倒向共和黨，但很少人會認為投票所的地點會影響自己的投票行為。

可是，真的會。

政治學家通常假設投票是基於堅定的理性偏好：民眾擁有核心信念，而且在做投票決定時會權衡代價和利益。如果我們關心環境，我們會投票給承諾保護自然資源的候選人。如果我們關注健保問題，我們會支持提倡可以讓更多人負擔得起健保費的候選人。這麼說來，認知型的投票行為不應該會發生，因此民眾前往哪裡投票應該不會影響投票行為才對。

但根據我們對於觸發物的瞭解，我們並不是這麼確定這項假設。在美國，大部分選民被指定前往某特定投票所投票，通常是消防局、法院或學校這些公共建築，但也有可能是教堂、私人辦公大樓或其他地點。

不同地點擁有不同觸發物。教堂裡充滿著宗教意象，可能會讓民眾想到教堂的教義。學校裡則觸目可見置物櫃、書桌和黑板，可能會讓人們想到孩子或自己小時候受教育的經驗。一旦這些念頭被觸發，就可能改變他們的行為。在教堂投票，有可能導致民眾對墮胎或同性戀婚姻產生較負面的想法。在學校投票，可能導致民眾支持提高教育經費。

為了證實上述這個想法，馬克．梅瑞迪斯（Marc Meredith）、克里斯丁．惠勒（Christian Wheeler）和我，申請了二〇〇〇年總統大選亞利桑那州每一個投票所的資料。我們從每個投票地點的名稱和地址，確認那是一間教堂、學校或其他類型的建築物。有四〇％的選民被指定在教堂投票、二六％在學校、一〇％在社區中心，其他則在各種公寓大樓、高爾夫球場，甚至是休旅車停車場。

然後，我們針對民眾是否會因投票地點不同，而有不同的投票行為進行驗證。尤其針對一個倡議提高營業稅五％至五．六％，以支持公立學校的選舉議題。該議題引發激烈辯論，雙方陣營都有充分的論點。大多數民眾支持教育，但很少人喜歡提高稅金。這是一個兩難議題。

如果民眾在哪裡投票並不會影響投票行為，那麼不論投票所是在學校，還是在其他地點，支持這個議題的百分比應該都是一樣的；但其實不然。在學校投票的民眾，有超過一萬人把手中神聖的一票投給支持提高教育經費的候選人。最後，這個提案通過了。

這種差異也顯現在其他議題上，甚至當我們控制了一些像是人口結構和政治立場偏好的地區性差異等因素後，依舊存在。我們甚至將兩組類似的選民加以比較，重複檢視我們得到的結果。居住在學校附近，或是被指定在學校投票的民眾，跟居住在學校附近但被指定前往其他地方（如消防局）投票的民眾做比較，前者投票支持增加教育經費的選民百分比明顯高出許多。事實是，當他們在學校投票時，便會被觸發對學校更友善的行為。

在全國性選舉中相差一萬票看似不多，但這樣的結果很有可能改寫一場勢均力敵的選舉。二〇〇〇年的總統選舉，小布希（George Bush）和高爾（Al Gore）兩人的最後票數只差了一千票。如果一千票可以改寫選舉結果，更不用說一萬票了。觸發物確實大有關係。

那麼，觸發物究竟是如何影響產品、創意或理念的風行與否呢？

在星期五搜尋〈星期五〉

二〇一一年，瑞貝卡・布萊克（Rebecca Black）達成了一項重大成就，十三歲的她發行了一首被眾多樂評評為「史上最爛歌曲」的單曲。

生於一九九七年，瑞貝卡發行她的第一首完整單曲時，還只是個孩子。但是那離她第一次進軍音樂界仍然十分遙遠，在此之前她曾參加節目試鏡、音樂夏令營，也公開演唱多年。在聽說某位同學為了自己的音樂生涯，而轉向外界尋求協助之後，瑞貝卡的父母付了四千美元聘請洛杉磯「方舟音樂工廠」（Ark Music Factory），寫了一首歌給他們的女兒唱。

其結果顯然非常可怕。這首歌名為〈星期五〉（Friday）的歌曲，內容不外乎是關於青少年的瑣碎生活與週末狂歡。歌詞一開始說的是她早晨起床準備上學去：

早上七點，我從床上醒來

趕緊洗臉刷牙，趕緊衝下樓

拿個碗來，趕緊吃燕麥片

接下來，她奔至公車站牌，看到朋友開車經過，掙扎著是要坐進車子前座或後座。最後，經過一番困難的抉擇後，歌曲進入合唱，唱的是她對即將到來的兩天自由之日的興奮難耐：

星期五，今天是星期五

星期五就快結束了

人人都在期盼著週末

總而言之，整首歌聽起來更像是一個青少年草包腦袋胡思亂想時的自言自語，稱不上是一首歌。

可是，它卻是二〇一一年被最多人分享的影片之一。在YouTube上的點閱率超過三億人次，其他音樂頻道也有好幾百萬人聽過這首歌曲。

為什麼？這首歌爛透了，但很多歌都很難聽啊！所以，究竟是什麼原因讓這首歌如此風行呢？

參考下圖在二〇一一年三月（這首歌發行後沒多久）YouTube上每天搜尋瑞貝卡．布萊克的人次。你是否注意到了這張圖出現的規律模式？

注意到每星期一次的尖峰嗎？仔細看，你會發現每個星期的尖峰都發生在同一天。三月十八日衝到尖峰，七天之後的三月二十五日，再七天後的四月一日也是。

那是一個星期裡的哪一天？你猜對了，星期五，正是瑞貝卡．布萊克主唱的歌名。所以，雖然這首歌每天的搜尋次數都不多，可是一到星期五就會被強烈觸發，進而造就了它的成功。

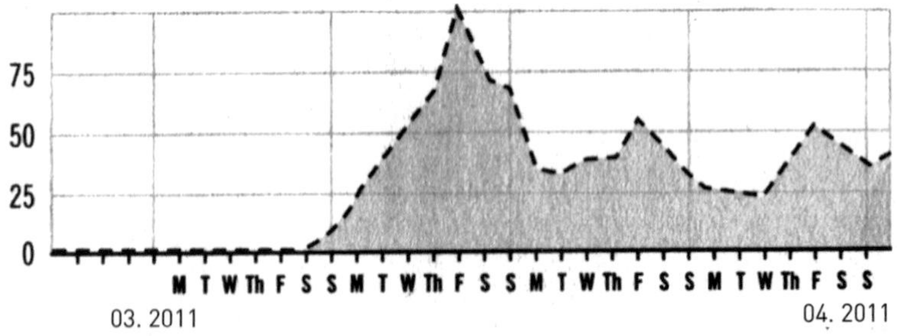

YouTube 上「瑞貝卡．布萊克」的每日搜尋人次

觸「景」生「話」

我們在上一章〈社交身價〉說過，有些口耳相傳的動機是人們希望自己看起來很風光、有面子。提起新穎或有趣的事情，會讓人看起來聰明有趣，但是，那並非驅使我們分享的唯一因素。

人與人之間的對話，絕大多數為閒談。我們跟其他家長在孩子的足球賽上聊天，或是跟同事們在休息室裡談天說地。這些對話很少是為了找些有趣的事情來說，好讓我們看起來很厲害，反而更多是為了填補對話的空檔。我們不想沉默坐著，所以會設法聊點東西，任何事情都可以聊。我們的目的不見得是為了證明自己為人風趣或聰明，只是想要說點東西讓談話可以繼續下去。有什麼就說什麼，以證明我們不是差勁的談天對象。

那麼，我們都在聊些什麼呢？任何浮現腦海的東西，都是打開話匣子的很好談資。人們會提到一件事情，通常都與當下情境有關。你有看到新橋梁施工的消息嗎？你覺得昨晚的比賽如何？我們之所以談論這些話題，因為它們正在我們周遭發生。我們開車時看到推土機，所以腦海裡就出現了施工畫面。我們遇到喜歡運動的朋友，所以就想到了大型比賽。觸發物促進口耳相傳。

讓我們回過頭來談口碑經紀的數據，觸發物協助我們回答了前面提到的這個問題：為什麼有些產品更常被人談論？研究發現，**更常觸發人們想到的產品，可以增加一五%的口耳相傳。**即使是像封口袋和乳液這類再平凡不過的產品，也能常常被很多人當成話題，因為人們太常被觸發而想到它們。使用乳液的人每天至少會擦一次，一般人通常會在用餐後使用封口袋把剩菜剩飯打包起來，這些日常行為讓這類產品更容易竄出人們腦海，結果就是它們更常被談論。

再者，**被觸發的產品不僅可以獲得立即性口碑，還能持續創造出更多口碑。**也因此，封口袋恰好與我裝扮成海盜到校上課的例子成了明顯對比。海盜裝扮是很有趣，但只是今天轟動一時，明天便銷聲匿跡。封口袋也許很無聊，卻會被人們談上一個星期又一個星期，因為它們太常被觸發了。扮演著提醒者的角色，觸發物不僅促成人們談論，還會讓人持續地談論下去。

百威啤酒——Wassup?系列廣告

因此，不能只獨鍾於如何創造吸引人的訊息，還要考慮藉助情境，想想看這個訊息會不會在目標對象的日常環境裡天天被觸發。凡事要有趣，這是我們普遍錯誤的認知。不論是要競選班代或銷售汽水，我們都認為吸睛或絕妙的標語，可以讓我們達成目標。

然而，從蔬果攝取的研究中，我們看到的是：一個強烈的觸發物，比一個吸引人的標語效果更好。即使討厭那句標語，受測大學生在學校餐廳托盤觸發了蔬果有益健康的念頭時，確實攝取了更多蔬果。但如果只是被灌輸一個擲地有聲的標語，他們的行為就完全沒有改變。

幾年前，GEICO汽車保險公司（Government Employees Insurance Company）打廣告說把保險轉換到GEICO，簡單到連遠古穴居人都會。就成品來說，這個廣告很傑出，內容好笑且訴求清楚，但是在觸發點上，它卻是失敗的。我們在日常生活中根本看不到多少穴居人，所以這個廣告不太可能經常被人想起，也就不太可能會被人談論了。

跟百威啤酒（Budweiser）的「Wassup?」系列廣告做個對照。廣告中有兩個大男人邊在電話上聊天，邊喝著百威啤酒看電視球賽轉播，然後第三個朋友出現，對兩人大喊：「Wassup?」從此，你隨處都可以聽到愛喝百威啤酒的好哥兒們不絕於耳的「Wassup?」招呼聲。

雖然它並不是最厲害的電視廣告，卻成了一種全球現象。它的成功至少有部分得歸功於觸發物。百威啤酒使用了情境，「Wassup」是當時年輕人之間非常普遍的問候語，只要跟朋友打招呼，就會觸發這群百威主要客群想到百威啤酒。

在延遲一段時日之後，如果希望愈多期望行為（desired behavior）發生，觸發物就愈形重要。市場研究通常把重點放在顧客對於廣告訊息或行銷活動的立即反應，這樣做或許在提供機會給顧客可立即購買該產品的情況下是有用的；但實際情形是，人們在某天聽到或看到某個廣告後，往往要過了幾天或幾個星期才會到商店去採買。如果沒有東西觸發他們想到那個廣告，誰敢說他們在店裡的時候會想起來呢？

如果公共健康宣導能考慮使用情境，也會從中受惠。譬如，鼓勵大學生飲酒要節制的標語。假設這個標語真的非常討喜且說服力十足，卻被張貼在校園健康中心，遠離學生聯誼中心或其他大學生飲酒的場所，那麼當他們喝酒暢飲時，是不太可能改變行為的。

負面口碑也能增加銷量

我們甚至可以用觸發物說明，為什麼有時負面口碑反而能產生正面效應。經濟學家艾倫・索倫森（Alan Sorensen）、史考特・拉斯穆森（Scott Rasmussen）和我分析了數百篇《紐約時報》書評，想看看正、負面評論對書籍銷售量的影響。打破任何宣傳都是好宣傳的觀點，負面評論確實重傷了一些書籍的銷售量；但對於一些新人作家或知名度不高的作家來說，負面評論反倒提高了四五％的銷售量。例如，《上流變奏曲》（*Fierce People*）的書評極差，《時代》雜誌批評作者「眼光不夠銳利」，以及「筆調轉折過於突兀，以致衝突的發生令人厭惡」。可是，它的銷售量卻在這篇評論發表之後，暴增了四倍之多。

觸發物能夠解釋這一切。不好的評論或負面的口碑也可以增加銷量，只要它提醒或告知人們該項產品、創意或理念的存在。那就是為什麼一瓶六十美元的托斯卡納紅酒，在一個知名紅酒網站上被人形容為「它的味道讓人想起臭襪子」後，銷售量竟然提高了五％。

這也是為什麼窈擺鈴（Shake Weight）這樣一個被媒體與顧客揶揄戲謔的震動啞鈴，銷售額竟然高達五千萬美元的原因之一。甚至連負面注意力（negative attention）都是有助益的，只要它可以讓產品等跳出人們腦海。

無中生有，創造新的連結

有個完美利用觸發物的產品，就是奇巧（Kit Kat）巧克力棒。

「你得了吧，你得了吧，折一塊奇巧巧克力棒給我吧！」（Give me a break, give me a break, break me off a peice of that Kit Kat bar!）一九八六年在美國問世，這首旋律是有史以來最具代表性的美國廣告歌曲之一。只要對超過二十五歲的美國人唱出前面幾個字，他們就可以把整段歌詞唱完。研究學者甚至認為它是史上十大難忘旋律之一，永遠盤踞在人們的腦海中，讓人想忘都忘不了。比起〈YMCA〉這首歌，可說是有過之而無不及。

然而，二〇〇七年柯琳・克瑞科（Colleen Chorak）受命重振奇巧的品牌。在它的主題曲首次問世至今已經過了二十多年，這個品牌已後繼無力。好時食品（Hershey）的產品琳瑯滿目，從里斯糖（Reese's Pieces）、好時之吻巧克力（Hershey's Kisses），到杏仁巧克力（Almond Joy）、扭扭糖（Twizzlers）和水果硬糖（Jolly Ranchers），形形色色，其他同類品牌會迷失在其中也就不足為奇了，這正是奇巧曾經面臨的問題。好時曾經亟欲取代「你得了吧」廣告而苦苦追趕，如今，奇巧卻落到每年銷售量下跌五％的窘境，市占率大幅下滑。消費者還是很喜歡這項產品，但購買興趣已大為減少。

奇巧巧克力棒連結咖啡

柯琳必須想辦法讓消費者再次想起這個品牌，讓奇巧更容易被人們想起。由於多年找不到新方向，管理高層不願意砸錢再打電視廣告。所有相關財務支援都掐得很緊，所以她做了些調查。柯琳實地觀察消費者購買奇巧巧克力棒的情形，結果發現了兩件事：消費者通常趁休息時間買奇巧巧克力棒吃，很多人也會同時買一杯熱飲。

她有好點子了。

奇巧巧克力棒和咖啡。

柯琳集中火力連續幾個月密集打廣告，把「休息時的最好朋友」當成訴求，電台廣告主打的則是巧克力棒與咖啡，或是買咖啡的人詢問奇巧放在哪兒。奇巧和咖啡，咖啡和奇巧。廣告重複播放這兩項產品。

宣傳活動大獲成功。到年底時，奇巧的銷售量增加了八%，十二個月後銷售量總計增加了三分之一。巧克力棒加咖啡重新讓奇巧打進市場，使該品牌的營收從負三億美元激增到五億美元。

許多事情可歸功於這次宣傳活動的成功。奇巧（Kit Kat）和咖啡（coffee）押頭韻，而且休息時來塊奇巧巧克力棒，也和所謂的喝咖啡休息時間（coffee break）觀念很吻合。不過，我想為它成功的原因另添一筆。

觸發物。奇巧和甜瓜（cantaloupe；美國俚語意為棒球用球）也押了頭韻，和霹靂舞（break dancing）也吻合了暫停或休息（break）的概念。但咖啡和該品牌的連結特別好，因為咖啡是生活上經常出現的刺激物。咖啡族人口眾多，不少人每天都會喝上幾回。所以藉著將奇巧跟咖啡連結，柯琳打造了一個經常提醒人們該品牌的觸發物。

波士頓市場餐廳與「晚餐」連結

生物學家經常提到動植物有棲息地，或是具有維持一種生物必要條件的環境。鴨子需要水和可以覓食的草地，鹿需要擁有一大片可以吃草的空曠地方。

產品、創意與理念也有棲息地，或者說促進人們想到該產品、創意或理念的各類觸發物。以熱狗為例，烤肉、夏天、棒球賽，甚至臘腸狗就是一些觸發物，可以形成熱狗的棲息地。哪些觸發物會讓大眾想到衣索比亞料理？衣索比亞料理肯定美味，但它的棲息地並沒有那麼普遍、隨處可見。

大部分的產品、創意或理念都有數個「自然」的觸發物。火星巧克力棒和火星自然會讓人產生連結，馬爾斯公司根本不必做什麼來創造二者的連結。同理，法國音樂和法國紅酒也有自然的連結，而一週的最後工作天就是瑞貝卡・布萊克單曲〈星期五〉自然的觸發物。

要發展一種創意或理念的棲息地，也一樣做得到，我們可以藉由生活周遭的刺激物建立它的新連結。奇巧巧克力棒本來和咖啡不相關，但經過重複不斷的「配對」，柯琳·克瑞科就能夠把兩樣東西連結起來。同樣地，我們所做的托盤實驗也藉由重複不斷的「配對」，創造了餐廳托盤和吃蔬果訊息的連結。藉由擴展訊息的棲息地，這些新形成的連結有助於期望行為的風行。

看看我們與口碑經紀和波士頓市場（Boston Market）餐廳所做的一個實驗。這家休閒速食餐廳最有名的就是燉肉和馬鈴薯泥這類家常料理，並被消費者視為享用午餐的好去處。業者想讓更多人知道這家餐廳，我們認為可藉由拓展波士頓市場的棲息地來幫助他們。

我們找了一些受試者，讓他們六個星期內不斷聽到這家餐廳和晚餐配對的廣告（「想吃晚餐嗎？考慮波士頓市場吧！」）；另一組受試者接收到的是另一則很類似、但訊息較尋常的廣告（「想找用餐的地方嗎？考慮波士頓市場吧！」）。然後，我們記錄下兩組受試者談到這家餐廳的頻率各為多少。

結果非常誇張。相較於普通的尋常訊息，擴展棲息地的訊息（將波士頓市場和晚餐連結），在原本只把餐廳和午餐聯想在一起的人們之間，口耳相傳的比例提高了二〇%。打造新的連結，以拓展棲息地提高了話題性。

毒藥反擊

競爭對手甚至也可以當作觸發物。公共衛生組織要怎麼和菸草公司這類資金雄厚、具有市場優勢的競爭對手對抗呢？一種對抗這種不平等的方法是化弱勢為優勢：藉由**將對手的訊息作為你本身訊息的觸發物**。譬如有個知名的拒菸廣告，把大品牌萬寶路（Marlboro）的經典廣告拿來開玩笑，將廣告中萬寶路牛仔對話的畫面加注一行文字：「鮑伯，我得了肺氣腫。」（Bob, I've got emphysema.）所以現在民眾看到萬寶路廣告，就會觸發他們想起這則拒菸訊息。

研究人員把這種策略稱為「毒藥反擊」（poison parasite defense），因為它偷偷地把「毒藥」（你的訊息）注入到對手的訊息裡，讓它變成有利於你的訊息觸發物。

有效的觸發物因子：頻率與距離

觸發物有助產品、創意或理念廣為流行，但有些刺激物的觸發力就是強過其他的東西。其中一個關鍵因素是，這個刺激物出現的機會有多頻繁。熱可可也能和奇巧連結得很好，而且比起咖啡，甜飲品也許與巧克力棒的口味更搭。但咖啡卻是更有效的觸發物，因為人們更常看到與想到咖啡。大多數的人通常只在冬天喝熱可可，但一年到頭都在喝咖啡。

同樣地，麥格黑啤酒（Michelob）在一九七〇年代推出了一個成功的廣告，把週末和啤酒品牌連結在一起：「週末就是要喝麥格黑啤酒。」不過它一開始並不是廣告的標語，原本的標語是「節日就是要喝麥格黑啤酒」。但效果不彰，因為他們選擇的刺激物「節日」並不常發生。所以布希酒廠（Anheuser-Busch）把標語修改成「週末就是要喝麥格黑啤酒」，結果成功多了。

然而，發生頻率也必須和連結的強度達到平衡。暗示喚起的聯想事物愈多，連結愈弱。那就像在一個裝滿水的紙杯上挖洞，如果你只挖一個洞，水流出的強度會比較強；多挖一點洞，從每個洞口流出的水流壓力就會減低。一旦挖太多洞，你只會從每個洞得到寥寥的幾滴水。

觸發物的作用也是同樣的道理。比如，紅色可以聯想到很多東西：玫瑰、愛、可口可樂、跑車等等，不勝枚舉。這樣過度聯想的結果，紅色就不是這些東西強烈的觸發物。問問不同的人講到紅色時第一個想到的東西是什麼，你就會明白我的意思了。對照於當你說花生醬時有多少人會想到果醬，就會很清楚為什麼愈特別的連結愈好。把一件產品、創意或理念，跟一個可以聯想到很多東西的刺激物連結，效果遠不如創造一個更有新鮮感、更原創的連結。

另外很重要的一點是，必須選擇離發生期望行為不遠的觸發物。想一想紐西蘭這個很棒，但最終宣告無效的宣導廣告：一個英俊猛男在淋浴，背景音樂傳來一段關於熱流熱水器（HeatFlow，一種溫控系統，可以確保你隨時都能盡情洗個熱水澡）琅琅上口的歌詞，猛男關掉水，當他打開淋浴拉門時，一個嫵媚的女人丟給他一條浴巾，兩人相視而笑，然後步出淋浴間。

突然，他滑了一跤，頭撞上磁磚地板。他就躺在那兒，一動也不動，只見他的手臂輕輕抽搐。然後，一段旁白吟誦著：「避免在家滑倒，只要使用浴室踏墊，就能輕鬆做到。」

哇！肯定令人大吃一驚，絕對難忘。實在太令人難忘了，每次沐浴，我只要看見地上沒有踏墊，就會想到這個廣告。

不過，有一個問題：我沒辦法在浴室裡買踏墊。這句廣告詞離達成期望行為太遠了，除非我離開浴室、打開我的電腦，上網買塊踏墊，否則我必須一直記住這句廣告詞，直到我走進商店為止。

反觀紐約市衛生局拒喝汽水的宣導廣告。儘管相較於我們一天當中所吃的所有食物，汽水看似低熱量，但喝含糖飲料對體重增加其實大有影響。不過紐約市衛生局並非只想告訴民眾汽水裡含了多少糖分，還希望他們可以謹記在心，並改變行為習慣，進而可以把訊息散布出去。

因此紐約市衛生局製作了一支短片，有個男人打開一瓶看起來很平常的罐裝汽水，可是當他開始把汽水倒進玻璃杯時，倒出來的卻是脂肪，一坨又一坨的乳白色凝結脂肪。片中男子拿起杯子，像喝汽水般咕嚕咕嚕大口喝下那杯東西——凝結油塊和所有東西。這支「男子喝脂肪」（Man Drinks Fat）的短片結尾，是一大灘凝結肥油「啪」地掉在晚餐盤子上，畫面從餐桌慢慢變暗之後，接著出現這句標語：「一天一罐汽水，讓你一年胖十磅。不要喝下你自己的脂肪。」

這支短片拍得很棒。藉由拍攝從汽水罐中倒出脂肪，紐約市衛生局聰明地利用了觸發物。不像浴室踏墊，他們的宣導短片精準地在正確時間點送出訊息（不要喝含糖飲料）：就在民眾想到要喝罐汽水時。

在正確的時間與地點觸發

這些宣導廣告突顯了一個事實，亦即考量情境有多麼重要：思考一個訊息、創意或理念試圖觸發的**目標對象所在環境**。不同環境存在不同刺激物。亞歷桑那州四周被沙漠環抱，佛羅里達州放眼望去多是棕櫚樹。其結果是，不同觸發物的效果，或多或少會因為人們居住地不同而異。

同樣地，我們在引言中所討論的一百塊美金乳酪牛排三明治能否奏效，也要看它是在哪個城市推出而定。一百美元的三明治相當不可思議，不論在哪裡都一樣，但人們會多常被觸發而聯想到它，就和所在地有關了。在民眾常吃乳酪牛排三明治的地方（例如費城），人們經常被觸發，可是在其他地方（例如芝加哥）就少多了。

即使在某一特定城市或地區，在一天或一年的不同時間裡，人們被觸發的原因也都不同。譬如，我們在萬聖節前後進行的一項研究發現，民眾在萬聖節前一天比在萬聖節過後一星期，更容易想到和橘色有關的產品（例如橘子汽水或里斯糖）。在萬聖節前，周遭環境所有的橘色刺激物（南瓜和楓葉）觸發了大眾想到橘色產品。一旦節日過去，那些觸發物也隨之消失，人們自然也就不會想到橘色產品了。

想想看你如何讓自己記得攜帶環保購物袋去賣場，有什麼辦法可以在正確時刻觸發你？環保購物袋就像多攝取蔬果，我們知道應該去做，甚至想要去做（大多數人都買了環保購物袋），可是一到該攜帶它們去購物的時候，我們就是會忘記。然後，當我們把車停進賣場停車場時，我們就想到了。啊！我忘了環保購物袋了。但為時已晚，人已經到了賣場，購物袋卻還放在家裡的櫃子。

我們一到賣場就想到環保購物袋，這一點也不意外，賣場是讓人想到袋子的強烈觸發物。可惜，時間點太糟了。就像浴室踏墊的宣導廣告，雖然想到了，但時間不對。要解決這個問題，我們必須在出門前，剛好被提醒必須攜帶購物袋。

以這個例子來說，什麼才是好的觸發物呢？任何你必須一起帶去賣場的東西都是。例如你的購物清單就是最好的一個。想想看，如果你每次看到購物清單就會想到自己的環保購物袋，那麼想把袋子遺忘在家裡都很難。

為什麼燕麥圈比迪士尼更為人津津樂道？

回過頭來看本章一開始所提到的例子，觸發物可以解釋為什麼燕麥圈比迪士尼樂園更為人津津樂道。沒錯，迪士尼樂園確實很有趣也很刺激，套用本書別章的說法，它擁有較高的社交身價，而且可以激發更多情緒；問題是，人們不會常常想到它。除非有孩子，否則大多數的人並不會去迪士尼樂園，即使會去，也不會三不五時去那兒，一年就去那麼一次吧；而且，只有少數幾種觸發物會提醒他們當初興奮驚喜的情緒。

可是每天有成千上萬的人早餐都在吃燕麥圈，何況每當人們在賣場早餐穀片走道上推著購物車時，都會看見那些亮橘色盒子，結果這些觸發物使得燕麥圈更容易被人們想起，進而提高了大家談論它們的機會。

燕麥圈和迪士尼在推特上被談論的數據就是最佳佐證。燕麥圈比迪士尼更常被人提起，但仔細檢視，你會發現一個簡單明瞭的模式（見下圖）。

燕麥圈話題的高峰值，每天大概都落在相同的時間點。第一個參考值發生在清晨五點，最高值出現在七點半至八點之間，然後到十一點左右歸於沉寂。這個驟升劇降的圖形，完全吻合傳統吃早餐的時間。這個模式甚至在週末時因為人們

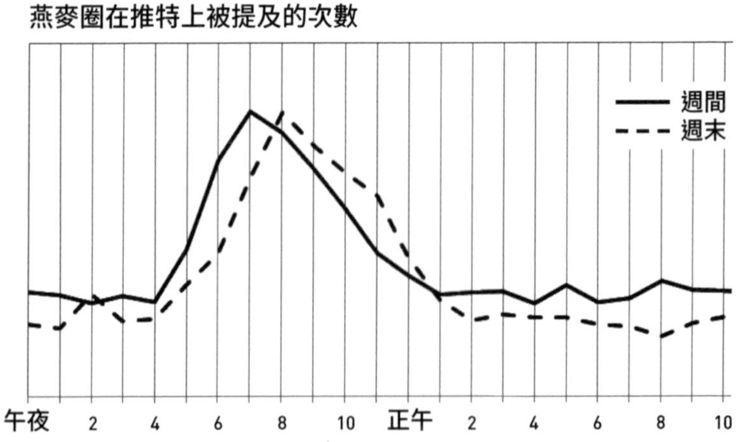

較晚吃早餐而出現些微變化。觸發物會引發談論。

觸發物是口耳相傳和傳播消息的基礎。拿搖滾樂團來類比；主唱就是社交身價，刺激、好玩且備受關注；觸發物則是鼓手或貝斯手，它不像社交身價是一種吸睛的觀念，卻是讓事情圓滿完成的千里馬。人們也許沒有那麼注意觸發物，但卻是奠定最後成功的基礎。一個東西被觸發得愈頻繁，就愈容易從人們的腦海中跳出，也愈容易成功。

因此，我們必須考慮使用情境。像百威啤酒的「Wassup?」，或是瑞貝卡．布萊克的〈星期五〉，我們的產品、創意或理念必須好好利用已經存在的觸發物。我們也必須創造新的觸發物連結，擴展棲息地。像柯琳．克瑞科的奇巧巧克力棒和咖啡，我們必須與隨處可見的觸發物建立新的連結。

觸發物與暗示會引發人們談論、選擇和使用。社交身價會引發人們談論，但觸發物會讓他們繼續談論下去。心口合一，我們想到什麼，往往就會說什麼。

注釋

1 包括每項產品在每場行銷活動的資訊，以及每次口碑經紀提報的數字。我們特別感興趣的是，可以針對口碑經紀試用者對每項產品所製造的話題與口碑進行分析，畢竟某些人就是會比其他人分享更多：三姑六婆總是比悶葫蘆說得多。但藉由檢視每位試用者在不同行銷活動中口耳相傳的多寡，我們可以看到一些固定模式。我們可以看到一位試用者對一家咖啡品牌的討論是否多於一台新款數位相機，我們也可以開始瞭解為何某些產品會比其他產品獲得更多口碑，不只是人們是否對某幾種產品類別（如食物）的討論比其他類別（如電影）更多，還包括了一開始驅使人們談論的驅力——交談心理學。

3

情緒

Emotion

情緒才是讓人傳播訊息的關鍵。生理激發或情緒的起伏高低驅使人們談論與分享，我們必須讓人感到興奮或使他們發笑，我們必須讓他們覺得憤慨而不是傷心，甚至讓人激動的情境也更有可能讓他們把事情傳播出去。

二〇〇八年十月二十七日，丹尼絲．葛拉蒂（Denise Grady）為《紐約時報》撰寫科學文章已超過十年。靠著她對獨特主題敏銳的眼光和靈巧的敘事風格，葛拉蒂把艱澀難懂的科學主題變成雅俗共賞的文章，為她贏得了無數新聞獎項。

那天，葛拉蒂的一篇文章衝上《紐約時報》「熱門轉寄」排行榜。在發表後不到幾個小時，數千名讀者決定將文章轉寄給他們的朋友、親戚和同事。葛拉蒂的文章掀起了一陣傳閱熱潮。

是主題所致嗎？文章是敘述液體與氣體動力學理論，如何運用於醫藥研究上。

葛拉蒂的文章詳述了某種稱為「紋影」（schlieren）的照相技術，她寫道，只要「一道明亮的微小光源、數個放置精準的鏡片、一個凹透鏡、一個阻擋部分光線的刮鬍刀片和其他工具，就能看見空氣中的氣流擾動，並且拍攝成像」。

聽起來不怎麼精采動人，對吧？歡迎加入我們的行列。當我們從幾個不同角度詢問人們對這篇文章的看法時，它的評分相當低。它有沒有很高的社交身價？沒有，受訪者說道。它有沒有提供很多實用資訊（我們在第五章〈實用價值〉會討論到）？也沒有。

事實上，如果你逐一比對傳統上所認定的富感染力病毒式內容的先決條件（特色），會發現葛拉蒂的文章〈神祕的咳嗽，影像捕捉〉（The Mysterious Cough, Caught on Film）幾乎沒有符合幾項。但這篇文章絕對有其特別之處，否則不會有這麼多人傳閱。究竟原因何在？

葛拉蒂對科學的興趣始於高中。她坐在化學課堂上，讀著密立根（Robert Millikan）測出電子電荷的著名實驗，那是個複雜的概念與實驗，做法是讓微小油滴懸浮在兩個金屬電極之間，然後測量需要多強的磁場才不會讓油滴掉下去。

葛拉蒂把這個實驗讀了又讀，直到她終於瞭解為止。當她這麼做的時候，彷彿被一道閃光擊中，她懂了，科學太讓人興奮了！實驗背後的想法真是聰明。可以抓到箇中要領那種讓人為之迷醉的感覺，讓她從此深陷在科學領域中不可自拔。

畢業後，葛拉蒂進入《今日物理》（*Physics Today*）期刊工作。之後，她又到了《探索》（*Discover*）、《時代》雜誌，最後在《紐約時報》一路做到健康醫療主筆。她寫作科學文章的目標只有一個，就是讓普羅大眾感受到她在學生時代於化學課堂上所感受到的興奮，即使只有一絲絲都好，以欣賞科學探索的奇妙。

在那篇十月出版的文章中，葛拉蒂寫到一位工程教授利用一種攝影技術捕捉到一種看似無形的現象：人類的咳嗽，讓它無所遁形。紋影技術多年來已經被航空與軍事專家應用在研究高速飛行器如何形成周圍的衝擊波，但這位工程教授將這項技術應用在另一個全新的領域：肺結核、SARS、流行性感冒等空氣傳染疾病的散播方式上。

大多數人並不覺得這篇文章特別有用，也是很合理的。他們畢竟不是研究流體動力學的科學家，也不是想辦法觀察這些複雜現象的工程師。儘管葛拉蒂算得上是最優秀的科學報導記者之一，但我們可以理解一般人普遍還是對體育或流行報導比較感興趣。最後，儘管咳嗽肯定是提醒大眾關注這篇文章的最佳觸發物，但感冒與流感季節通常是在二月達到高峰，距離這篇文章刊出的當日還有四個月。

雖然葛拉蒂感到很困惑，但身為記者，她當然很高興自己寫的東西可以廣為流傳。而且就像大多數記者，甚或是部落客一樣，她也想瞭解為什麼自己的文章會被大量傳閱，而其他人的卻不會。雖然她可以憑經驗做一些推測，但她和其他人一樣都無法確切知道，為什麼某些文章的內容會比其他文章被更多人分享傳閱。那麼，究竟讓這篇文章被廣為傳閱的原因何在？

經過多年的分析，我很高興向各位報告我和同事們找到了一些答案。我們為了對某些網路內容會被大量傳閱分享的原因有更深入的瞭解，於是針對上百篇《紐約時報》的新聞報導展開研究分析，葛拉蒂這篇二〇〇八年的文章便是其中之一。

葛拉蒂文章中所附的照片給了我們一個提示。那年十月初，葛拉蒂在翻閱《新英格蘭醫學雜誌》（*The New England Journal of Medicine*）時，看到一篇名為〈咳嗽與飛沫〉（Coughing and Aerosols）的文章，她當下就知道該研究會是她為《紐約時報》所撰寫的文章的最佳依據。那篇文章有些地方非常專業，討論的是具傳染性的飛沫與感染速度。但是在那些專業術語上方是一張簡單的照片（請參閱 http://www.nejm.org/doi/full/10.1056/NEJMicm072576），就是那張照片讓葛拉蒂決定寫一篇文章。簡言之，那真的是太驚人了。

大眾之所以傳閱分享葛拉蒂的文章，原因就是**情緒**。當我們在乎，我們就會把資訊分享出去。

熱門轉寄排行榜與分享的重要性

人類是社會動物，如同在〈社交身價〉一章所述，我們喜歡與他人分享意見和資訊，而我們愛聊八卦的習慣（不論好或壞），可以營造與朋友和同事間的關係。

網路技術的躍進更讓這種天性發展暢行無阻。當人們偶然看到一篇部落格文章寫到一項新的自行車共享計畫，或找到一支影片可以幫助孩子解決代數的難題，很容易就會與其他人分享——他們可以按個「讚」，或把網址複製貼到電子郵件上。

大部分的重要新聞或娛樂網站多了一道記錄步驟，把過去一天、一週或一個月最常被點閱或分享的文章、影片或其他內容，製作成熱門排行榜。

人們經常利用這些排行榜，省得麻煩。各種可以取得的內容何其多，網站和部落格有幾億個，影片有數十億部，光新聞報導就有幾十家媒體不斷貼出即時消息，怎麼可能全數瀏覽得完。有時間在這片茫茫資訊大海中找出最佳內容的人少之又少，所以大家開始點閱別人分享的內容。

結果，熱門轉寄排行榜便具有引發輿論熱議的力量。如果一篇關於財政改革的報導正好在排行榜上，而另一則關於環境改造的報導落在榜外，那麼讀者對兩篇文章的關注程度會從原本只有些微差距，很快拉大到非常明顯。當人們看了並傳閱分享財政改革的文章後，民眾也許會以為財政改革比環境改造更需要政府的關注，即使財政問題的嚴重性其實不如環境問題。

那麼，究竟是什麼原因造成某些內容可以登上熱門轉寄排行榜，其他的卻不行呢？原因就在於一件事情要被大肆散播猶如病毒一般，必須有很多人在差不多的時間裡都點閱分享了同一篇內容。你或許覺得葛拉蒂那篇關於咳嗽的文章很棒，也或許你跟幾個好朋友分享了，但是要讓那篇文章登上《紐約時報》熱門轉寄排行榜，必須要有非常、非常多的人跟你做了相同決定才辦得到。

這只是零星特例嗎？或者，成功的病毒式傳播之間有一些共同的模式？

熱門轉寄排行榜的系統化分析

一名史丹佛研究生的生活寒酸得可以。我的辦公室（如果稱得上是的話）是個高牆隔間，藏身在一座號稱為野獸派風格的一九六〇年代建築物的閣樓內，無窗。不高的建築物，結構四四方方，厚重的水泥牆大概可以擋得住手榴彈的直接攻擊。我們六個人就這樣全擠在一個狹小空間裡，而我自己這個亮著日光燈的十英尺見方空間，還得跟另外一名研究生共用。

這裡唯一的好處是電梯。學校考慮到研究生不論早晚都在工作，所以給了我們一張識別證，二十四小時都能進入一部專用電梯。這台電梯不僅可以把我們送上我們沒有對外窗戶的工作站，還可以讓我們在圖書館閉館時間進入圖書館。這不是什麼大不了的特權，卻非常有用。

那個年代的網路內容發行不像今天這麼成熟。內容網站現在把熱門轉寄文章公布在網路上，但是也有一些報紙媒體會在自家的實體報紙上刊登這些排行榜，《華爾街日報》就每天列出熱門文章前五名，以及前一天被轉寄最多次的前五名文章。瀏覽過幾次熱門排行榜後，一直有個念頭盤據在我的腦海裡。這種排行榜似乎是用來研究，為什麼有些東西就是比其他更廣為人分享的最佳資料數據來源。

於是，就像一位集郵者收集郵票般，我開始收集起熱門轉寄文章排行榜。每隔兩三天，我就會利用那部專用電梯去「獵物」。在半夜，帶著我最信任的那把剪刀到樓下圖書館，找出一堆最新出刊的《華爾街日報》，然後小心翼翼地剪下「熱門轉寄」排行榜名單。

幾個星期後，我的收集愈來愈多，我有一大疊的剪報，準備工作差不多告一段落。我把排行榜名單輸入電腦試算表中，開始尋找當中的模式。某天上榜的兩篇文章是〈另一半太累不說話應對之道〉和〈迪士尼為大女孩設計的禮服〉；幾天後榜上有名的是〈經濟學家應不應該研究自閉症？〉和〈為什麼現在賞鳥要攜帶iPod和雷射筆？〉。乍看之下，這些文章並無多少共同點。疲累的另一半怎麼會跟迪士尼禮服有關係？迪士尼又跟經濟學家研究自閉症有什麼關係？它們之間的關聯性並不明顯。

收集七千筆《紐約時報》文章

再者，每次只讀一兩篇文章完全無濟於事。真要釐清真相，我必須加緊腳步和提升效率才行。幸好，我的同事凱薩琳．米爾科曼（Katherine Milkman）建議了一個大幅改善狀況的方法：與其靠雙手把這些資料從印刷報紙上一一擷取下來，為什麼不改為自動化處理呢？

在一位電腦程式設計師的幫忙下，我們設計出了一個網路爬蟲（web crawler）。就像一個永不倦怠的讀者，這個軟體每十五分鐘會自動掃描《紐約時報》網站首頁，將所瀏覽到的一切記錄下來。除了文章內容和每篇文章標題之外，還有作者名字和文章出現的位置（例如是發表在主頁面或隱藏在一大串連結的尾端）、出現在哪個版面（例如保健醫療或商業版），以及在實體報紙的哪一頁（例如首頁或第三版後面）等等，全都一網打盡。

六個月後，我們蒐羅了一大筆資料集，是那段期間《紐約時報》刊載的每篇文章，將近七千筆；從世界新聞、運動新聞，到保健醫療和科技新聞的每一篇文章都在裡面。當然，也有那六個月裡的所有熱門轉寄文章排行榜，不只包含一個人分享了什麼文章，也收集了所有讀者（不分年齡、貧富或其他差異）跟別人分享了哪幾篇文章。

現在，我們的分析可以開始了。

兩大分享驅力：實用與有趣

首先，我們先查看每篇文章的一般類別，是健康醫療、運動、教育或政治等等。結果顯示，教育文章似乎比體育文章更容易變成熱門轉寄文章，醫療文章也比政治文章更容易被廣為流傳。

太好了。可是我們更有興趣瞭解究竟是什麼原因驅使人們分享，而不只是闡述被分享內容的屬性。好，所以體育文章比美食文章更不容易被廣傳，為什麼？這就像在說，比起乒乓球，人們更喜歡分享貓咪圖片或談論漆彈一樣。這種說法無法告訴我們事情的真相為何，或是讓我們做出超出貓咪或乒乓球運動等狹隘領域以外的預測。[1]

人們之所以分享事物的兩個基本原因是，因為他們覺得**有趣和實用**。我們在〈社交身價〉這一章也談過，有趣事物讓人愉悅，而且能提升分享者的形象。同樣地，我們也會在〈實用價值〉一章中討論到，分享實用資訊能幫助別人，也有助提升分享者的形象。

為了證實這些理論，我們雇用了一群研究助理來幫忙，將《紐約時報》的文章按照實用性和趣味性來評分。結果，像谷歌（Google）如何利用搜尋資料追蹤流感傳播情形之類的文章，在趣味性上的評分相當高；而像百老匯舞台劇演出名單變動的文章，在趣味性上的評分則偏低；關於如何控制信用這類文章則被評為非常實用，但關於某位非知名歌劇演員逝世的消息就沒那麼實用了。我們將這些評分輸入一個統計分析系統，跟熱門轉寄文章排行榜加以比對。

果不其然，兩種特性確實影響了人們的分享情況。愈有趣的文章成為熱門轉寄文章的機率高出二五％，愈實用的文章成為熱門文章的機率更高出三〇％。

這些結果有助於解釋，為何健康醫療與教育類文章最常被分享，因為這類主題通常實用性很強，提供像是關於如何活得更長壽與更快樂的建議、如何讓孩子獲得最優質教育的要訣等等。

但是，有一類特殊主題例外——科學性文章。基本上，這類文章並不像主流類別一樣提供「社交身價」或「實用價值」。但科學性文章，像是葛拉蒂述及咳嗽的文章，就比政治、時尚流行或商業新聞在熱門轉寄排行榜上的排名更高。為什麼？

我們的研究發現，科學性文章經常是時代性的創新與發現，可以喚起讀者的某種情緒。哪種情緒？**敬畏**。

敬畏讓人做出分享

想像你站在美國大峽谷懸崖邊，放眼遠眺一望無際的血紅色峽谷景觀，深不見底的山谷就在腳底下。你感到暈眩並往後退，老鷹盤旋的岩石裂縫寸草不生，貧瘠的地表讓人覺得猶如置身於月球般。你大感驚奇，你頓感謙卑，你心生崇拜。這就是敬畏。

心理學家達契爾・克特納（Dacher Keltner）和喬納森・海特（Jonathan Haidt）指出，敬畏乃是人們因面對知識、美麗、莊嚴崇高或力量之偉大，而產生一種奇妙與驚異的感受。那是面對比自己偉大的萬物時，所經歷的一種體驗。敬畏能培養宏觀視野，並促成自我超越，其中涵蓋欽佩與激勵，這種感受可以被任何偉大的藝術作品或音樂到宗教信仰、從動人心魄的自然景觀乃至人類冒險與偉大發現所喚醒。

敬畏是一種複雜的情緒，經常融合了驚喜、意外或神祕的感受。的確，正如愛因斯坦所下的注解：「我們所能體驗到的最美好情感就是神祕，此乃所有真正的藝術與科學之源。人若對神祕感到陌生，不再對事物好奇，也不具敬畏之心，豈非與死無異。」

和其他任何情緒比起來，敬畏最足以描繪人們看到許多《紐約時報》科學性文章時的感受。以〈神祕的咳嗽，影像捕捉〉為例，那張咳嗽照片就很令人震撼，既是視覺奇觀，也傳遞了一種概念：咳嗽這種平凡事物也能製造出這種影像，而且透露了數世紀醫學謎團，將得以撥雲見日之祕。

我們決定驗證，敬畏是否為驅動人們分享的力量。我們的研究助理重新把收集來的所有《紐約時報》文章看過，然後根據每篇文章喚醒他們的敬畏程度一一評分。結果像愛滋病新療法，或者患有腦癌的曲棍球員仍上場比賽這類新聞，喚起的敬畏程度得分最高；至於節日購物特惠報導，則只能喚起一點點，甚至完全無法讓人心生敬畏。然後我們利用統計分析，將這些得分與文章是否被讀者廣泛分享加以比較。

我們的直覺沒錯：敬畏讓人做出分享。令人敬畏的文章被熱門轉寄的機會高出了三〇%。先前我們判斷那些「社交身價」和「實用價值」偏低的文章，例如葛拉蒂的咳嗽文章，或是黑金剛可能跟人類一樣、在失去摯愛時會感到悲傷等等，這些類別的文章仍然登上熱門轉寄排行榜的原因就是它們讓人心生敬畏。

蘇珊大嬸一鳴驚人

一些網路上點閱率最高的影片，也能讓人產生敬畏之情。

竊竊笑語始於乍見步上舞台，體態臃腫且其貌不揚的女子，她看起來更像是個煮飯婆而非聲樂家。首先，以她的年紀來參加《英國星光大道》（*Britain's Got Talent*）達人選秀節目跟人ＰＫ實在太老了，四十七歲之齡比其他參賽者足足大上兩倍有餘。

不過最重要的是，她看起來真是，嗯，寒酸到家。其他競爭對手盛裝打扮得像未來巨星，性感、帥氣逼人；或是「潮」味十足，穿著曲線畢露的洋裝、強調腰身的背心和夏季絲巾。但這位女士，看起來反而像是站出來作為服裝搭配的錯誤示範，整體看上去就像是把窗簾布和復活節二手服裝穿上身。

而且她很緊張。當評審開始問她問題，她支支吾吾地字不成句。「妳有什麼夢想？」他們問道。當她回答說想當一位職業歌手時，你完全可以看穿評審們在想什麼：實在是太荒謬了！憑妳？職業歌手？攝影機鏡頭拉近，捕捉到觀眾們發笑和一臉不以為然的表情。甚至連評審臉上都掛著幸災樂禍的笑容，他們顯然希望她盡快離開舞台。所有跡象都顯示，她將做出差勁的表演而遭到淘汰，不值得一聽。

但，就在一切似乎糟到不能再糟時，她開始唱歌了。

然後，時間靜止。

眾人屏息。

拿著麥克風一開口唱出《悲慘世界》舞台劇主題曲〈我曾有夢〉（I Dreamed a Dream），蘇珊大嬸（Susan Boyle）優美的歌聲彷彿春風般溫暖人心，那麼鏗鏘有力、那麼美麗動聽，令人寒毛直豎、雞皮疙瘩掉滿地。評審們肅然敬畏，觀眾們驚呼連連，所有人爆出熱烈的掌聲。整首歌聆聽下來，有人甚至頻頻拭淚，全場一片鴉雀無聲。

蘇珊大嬸首次登上《英國星光大道》的處女秀，是有史以來分享率最高的影片之一。在短短九天內，這段影片累計超過一億人次的點閱率。

很少人在觀賞這段影片後，不會對她的力量與決心感到敬畏。那不只是一種感動，更是一種激勵。敬畏，驅使人們將影片分享出去。

任何情緒皆可提高分享率嗎？

我們的《紐約時報》研究之初步發現，帶出了其他問題：為什麼敬畏能讓人做出分享？其他情緒也有相同效果嗎？

有很多理由讓我們相信，人們在體驗到任何一種情緒時都可能促使他們分享。把事情告訴別人，經常有益情緒。如果我們獲得工作升遷，告訴別人會有助我們歡欣慶祝；如果我們被開除，告訴別人會有助我們發洩情緒。分享情緒也有助於我們維繫人際關係，譬如，我在網路上找到了像是蘇珊大嬸這類令人心生敬畏的激勵短片，當我把影片分享給朋友，他們可能也有同樣的感受，進而促進了我們之間的關係。這突顯了我們的相似處，而且提醒我們彼此有多少的共同點。所以情緒分享有點像是社會關係黏著劑，能維繫與加強人際關係。即使分隔兩地，由於深有共鳴，還是能將彼此聯繫在一起。

但情緒分享的這些好處不僅限於敬畏而已，所有其他情緒也能達到同樣的效果。

如果你寄給同事一則笑話，讓你們兩個人都笑翻了，一樣可以強化雙方關係；如果你寄給表兄弟姊妹一則專欄報導，讓你們都氣炸了，那也可以突顯你們彼此擁有共同的觀點。

所以，有哪種特定情緒性內容更容易被分享嗎？

為了回答這個問題，我們選了另一種情緒：悲傷。我們重新回到收集來的《紐約時報》文章資料集，請研究助理們根據文章所喚起的悲傷情緒予以評分。結果，像是有人悼念已故祖母這類文章的得分顯示，它們可以喚起極大的悲傷情緒；而像高爾夫球優勝選手這類文章，則得到偏低的悲傷情緒評分。如果任何情緒皆能提高分享率，那麼悲傷就和敬畏一樣，應該也可以增加分享率。

其實不然。事實上，**悲傷情緒會帶來反效果**，比較悲傷的文章反而有一六%的可能性不會變成熱門轉寄文章，引起悲傷情緒的東西會讓人不太願意與人分享。怎麼會這樣？

正面情緒、負面情緒與分享

不同情緒之間最明顯的差異，就是愉悅（或正面）與否。敬畏相對比較正面，而悲傷則是讓人不愉快的情緒。正面情緒或許會增加分享率，但負面情緒會降低分享率嗎？

關於正面和負面情緒影響人們談論與分享的議題，長期以來眾說紛紜，不過傳統的看法是負面內容應該更容易被傳播開來。想想英文裡的一句古諺：「見血才能見頭條。」（If it bleeds,it leads.）這句話的基本概念就是壞事傳千里，而壞消息比好消息更吸引大眾關注。這就是為什麼，夜間新聞總是以「看不見的健康危機正潛伏在你的地下室。詳情請收看六點新聞」這類新聞開場，新聞編輯和製作人通常會以負面新聞拉開序幕，因為他們相信這些報導有助於吸引和抓緊觀眾的注意力。

你也可以反過來辯稱：人們更喜歡分享好消息。畢竟，我們絕大多數人都希望讓別人感到快樂或更樂觀積極，而不是覺得憂慮或悲傷，不是嗎？同樣地，我們在〈社交身價〉一章中也探討過，人們是否會與人分享，通常取決於這件事是否會讓他們覺得有面子。正面事物更容易被分享的原因，或許是這麼做可以正面反映分享者的形象。總而言之，沒有人想當個掃興的討厭鬼，總是跟人分享一些悲傷憂悶的事情。

所以，究竟是正面資訊比負面資訊更容易被分享，還是反過來呢？

於是，我們又回過頭來把資料集裡的《紐約時報》文章針對正面性這個部分予以評分。這次我們利用了一套由心理學家潘貝克（Jamie Pennebaker）開發出來的文本分析程式，這個程式能量化文本段落中的正面性和負面性，方法是藉由計算數百個不同情緒性字眼出現的次數。例如，「我喜歡這張卡片，她人真好。」這個句子屬於正面性，因為其中包含正面字眼「喜歡」和「好」。而「她真是討厭，那件事真的讓我很受傷。」這句話恰好相反，因為有負面字眼「討厭」和「受傷」，所以屬於負面性。我們根據每篇文章的正面與負面性來評分，然後檢視這個結果是否與熱門轉寄排行榜的產生有相關性。

答案很明確：正面文章比負面文章更有可能被高度分享。像是新移民愛上紐約市這類報導，比詳細報導一個知名動物管理員之死的來龍去脈新聞，成為熱門轉寄文章的可能性平均高出一三%。

最後，我們覺得有十足把握，相信自己已經瞭解情緒如何促成消息散播：人們似乎會分享正面事物，而避免分享負面事物。

但為了更確定負面情緒減少人們分享的結論無誤，我們給了研究助理群最後一項任務，請他們根據其他兩個重要負面情緒：憤怒與焦慮，給每篇文章評分。

像華爾街肥貓在經濟向下反轉時，還坐領豐厚獎金之類的報導會激起強烈憤怒，而像夏季短衫這類新聞則完全不會激起憤怒情緒；像股市不振之類的報導會讓人感到相當焦慮，而艾美獎提名之類的新聞，則完全不會。如果事實是人們會分享正面內容，而且避免分享負面內容，那麼憤怒與焦慮應該（就和悲傷情緒一樣）會讓人們減少做出分享才對。

然而，情況並非如此。事實上，根本完全相反。激起憤怒或焦慮情緒的文章，更有可能登上熱門轉寄文章排行榜。

這一來，我們真的是被搞糊塗了。顯然事情要複雜多了，並不是一篇文章屬於正面或負面內容，就可以決定它會不會被廣為分享這麼簡單。但是，真正原因究竟為何？

挑動情緒：生理激發的科學

情緒可以被分類為正面（或愉悅的）情緒和負面（或令人不快的）情緒，這樣的概念已行之百年，甚至千年之久了。連一個小孩子也可以告訴你，快樂或興奮的感覺很好，而焦慮或悲傷的感覺很差。

然而，近來心理學家主張情緒也可以採第二種基準來分類：激動（activation），或生理激發（physiological arousal）。

何謂生理激發？試想你上一次在大型場合中公開演說，或是你的隊伍就要贏得大型比賽當下，你的脈搏狂跳、手心冒汗，而且你可以感覺到心臟在胸膛裡撲通撲通地跳。上次你看恐怖電影時，或是在露營時，聽到帳篷外傳來奇怪的聲音，或許也都有這樣的感覺。雖然你的理智不斷告訴自己，你並不是真的遇上危險，但身體卻不聽使喚，你的每種知覺都變得異常敏感，你的肌肉緊繃，一點聲音、味道和動作都會讓你提高警覺。這就是激發。

生理激發是一種激動並準備行動的狀態。心臟跳得愈來愈快，血壓也上升了。從演化來看，這是源自人類祖先的爬蟲腦（reptilian brain）。生理激發會驅動一種「戰鬥或逃跑反應」，可以幫助生物捕捉獵物或逃離掠奪者。現在人類不必再為了吃一頓晚餐去追捕獵物或擔心被生吞活剝，但生理激發至今仍存在於我們每天的許多行為動作中。被激發時，我們會做出一些行為，我們會不斷搓手和來回踱步，我們會對空揮拳和繞著客廳跑。激發會點燃驅使人行動的情緒感受。

高激發情緒促進分享

幾種特定情緒顯然比其他情緒更能喚起強烈的激發，憤怒與焦慮就屬於高激發情緒。當我們憤怒時會對客服人員吼叫，當我們焦慮時會一直重複查看同樣的事情。正面情緒也會產生激發。以興奮為例，當我們感到興奮時會想做些什麼事，而不想坐著不動。敬畏亦然，當某個人事物讓我們產生敬畏之情時，就是會忍不住想讓別人知道。

然而，其他情緒卻具有反效果：它們會抑制行動。以悲傷為例，無論是面對難過的分手或是心愛寵物的過世，悲傷的人往往沒有什麼動力。他們會穿上舒適的衣服，蜷縮在沙發上，吃上一大碗冰淇淋。滿足也會抑制行動，當人感到滿足時會鬆懈，心跳速度減慢，血壓下降。這時候他們會覺得開心，但不會特別想要做什麼事。想想你在痛快地沖了一個熱水澡，或是享受了一節舒服的按摩之後有什麼感覺。你大概很放鬆，而且寧可坐著不動，也不想一躍而起從事任何活動。

瞭解了情緒激發可能扮演的重要角色後，我們又回到我們的《紐約時報》文章資料集上。簡單回顧一下，截至目前為止我們已經發現敬畏會增加分享，而悲傷會減少分享。但

	高激發性	低激發性
正面	敬畏 興奮 有趣（幽默）	滿足
負面	憤怒 憂慮	悲傷

事情沒這麼單純，正面情緒也會增加分享，而負面情緒則會減少分享。我們發現有些負面情緒（例如憤怒或焦慮）會增加分享。生理激發是否會是解開謎團之鑰呢？

沒錯。

對激發有了瞭解後，有助我們將之前發現的各種不同結果加以整合。憤怒與焦慮會讓人做出分享，因為它們跟敬畏同樣都是高激發性情緒，它們會點燃人心中的那把火，激發我們，進而驅使我們採取行動。

激發也是好笑事物被分享的原因之一。YouTube上點閱率最高的影片，諸如小孩在看牙時打了麻藥後的副作用（David after Dentist）、小嬰兒咬了哥哥手指（Charlie Bit My Finger – Again!），或獨角獸查理跑去糖果山而被偷了腎臟（Charlie the Unicorn）等等，它們的點閱率合計超過六億人次。雖然我們很想說這些影片之所以廣為流傳，只不過是因為內容好笑罷了，但其實當中有一種更基本的心理過程在作祟。想想你上次聽到一個讓人笑破肚皮的笑話，或有人轉寄了一段搞笑短片時，你感覺有一股想把笑話或短片傳出去的衝動。就和令人心生敬畏或讓人憤怒的人事物一樣，好笑的內容之所以被分享，就是因為有趣是一種高激發性情緒。

然而，低激發性情緒（如悲傷）卻會減少分享。像滿足等低激發性情緒，也有相同作用。滿足並非不好的感受，事實上，感到滿足的人心情相當不錯，但他們不太可能會去談論或分享令其感到滿足之事，因為滿足會降低生理激發的強度。

「聯合航空摔壞吉他」，賠上聯航形象

聯合航空（United Airlines）嚐過苦頭後，才瞭解到激發可以驅使人們分享。大衛．凱羅爾（Dave Carroll）是一位相當棒的歌手，他的樂團「麥克斯威爾之子」（Sons of Maxwell）雖非大紅大紫，但是他們從唱片銷售、巡迴演唱和做生意上也賺了不少錢，過著還算愜意的生活。雖然沒人崇拜到將他的名字刺青在雙臂上，但他的演藝生涯還算盡如人意。

有次要到內布拉斯加州演出時，大衛和他的樂團在芝加哥轉搭聯合航空的班機。一般人要在座位上方的置物箱塞進手提行李都嫌空間不足，更何況是樂手們。由於團員們的吉他放不進置物箱，所以只得跟其他行李一起託運。

飛機中途在芝加哥的奧黑爾（O'Hare）機場降落，就在他們要下飛機時，一名女子驚呼：「天啊，他們把吉他丟出去了！」大衛震驚地往窗外一看，剛好就看到行李搬運人員把他的寶貝樂器拋在半空中。他一躍而起，趕緊找空服員尋求協助，卻徒勞無功。一名空服員請他去找座艙長，但座艙長說那不屬於她的職權；另一名職員則找藉口搪塞，叫他降落於目的地之後，向登機門人員提出此事。

當他抵達目的地時，天色已晚。大衛的班機降落於奧馬哈機場時已是午夜十二點半，他發現機場裡空無一人，看不到任何員工。大衛終於走到提領行李處，小心翼翼地打開吉他琴盒。他最擔心的事情果然成真，他那把價值三千五百美元的吉他確實被摔壞了。

但這只是故事的開端。大衛接下來花了九個月時間，與聯合航空針對賠償問題展開談判，卻徒勞無功。他提出索償，要求航空公司修復吉他，但是聯航否決了他的要求。對於他一連串的索償要求，聯航一概回覆無能為力，因為他錯失了在短短二十四小時內必須提出損壞賠償的要求，而這條規定卻是以極小的字體載明於機票上。

遭到百般刁難讓他一肚子火，大衛用其他管道宣洩這股情緒。就跟任何優秀的作曲家一樣，他為此寫了一首歌，歌詞鉅細靡遺地描述整起事件的經過，譜曲配唱後，他把錄製的影片上傳到YouTube，標題就是「聯合航空摔壞吉他」（United Breaks Guitars）。

在影片上傳後二十四小時內，已有將近五百個人在上面發表評論，絕大多數是其他搭乘聯合航空也有類似經驗的氣憤乘客。不到四天，這段影片的點閱率就達到一百三十萬人次。十天不到，就超過了三百萬人次點閱，以及一萬四千人留言。二〇〇九年十二月，《時代》雜誌更票選「聯合航空摔壞吉他」為當年熱門十大點閱影片。

聯合航空幾乎是立刻感受到負面影響。影片上傳不到四天，其股價就下跌了一〇%，相當於一億八千萬美元。雖然聯合航空最後「釋出善意」，捐出三千美元給孟克爵士協會（Thelonious Monk Institute of Jazz）。但許多產業觀察人士認為，這起事件將對聯合航空造成永久傷害。

訴諸感性

行銷訊息往往著重於資訊，例如衛生部門宣導說青少年如果不抽菸或多吃蔬菜，健康情況就可以獲得多大的改善。人們總認為把事實確切交代清楚，就可以扭轉劣勢、改善情況，目標對象就會留意資訊，在權衡斟酌後，做出回應行動。

但很多時候，光提供資訊還不夠。多數青少年抽菸並不是因為他們認為那對自己有益，而多數民眾大啖大麥克漢堡和大份薯條、大口猛灌超級大杯可樂，顯然也不是對健康危機視而不見。所以，再多資訊大概也無法使他們改變行為；他們需要更多其他東西。

這時候，該派情緒上場了。除了強調特色與事實，我們還必須把重點放在感受上，即驅使人們行動的潛在情緒。

有些產品、創意或理念似乎更適合勾動情緒。新潮的沙發酒吧似乎比物流管理更容易讓人想躍躍欲試。同樣地，寵物和小嬰兒似乎也比銀行業務，或者非營利財務策略更能拿來作為感性訴求。

其實，任何產品或服務都能訴諸感性，即使明顯看似不能勾動情緒者亦然。以網路搜尋為例，搜尋似乎是你可以想得到最不帶情緒性的產品之一，人們想要的是在最短時間內獲得最正確的搜尋結果，在這些結果背後是一大團讓人搞不懂的科技：連結權重、索引、頁面排序演算等等，可說是一種很難扣人心弦或賺人熱淚的產品，對吧？

偏偏，谷歌的「巴黎之愛」（Parisian Love）行銷活動就是在這方面大做文章。

「巴黎之愛」驚豔谷歌

二〇〇九年，當安東尼・卡法洛（Anthony Cafaro）從紐約大學視覺藝術系畢業時，他並未期待會成為谷歌人。過去從來沒有視覺藝術系的畢業生在谷歌工作過，這是一家知名的科技公司，吸引的是科技人而不是藝術設計者。但是當卡法洛得知谷歌正在徵求平面設計相關科系畢業生時，還是覺得可以試試看。面試過程愉快極了，到最後面試主管似乎不太像面試官，反而更像老朋友。卡法洛拒絕了一票傳統廣告公司的工作機會，決定加入谷歌新成立的「創意實驗室」（Creative Lab）設計團隊。

不過，幾個月後，安東尼發現創意實驗室的走向跟谷歌的整體理念不全然一致。優秀的視覺設計是感人肺腑的，像藝術一樣可以感動人們，並喚起他們心底深處的感受。可是谷歌講究的是分析，並非情緒。

據說，谷歌一名設計師曾建議谷歌的工具列採用一種藍色調，以增加其吸引力。但是，產品經理拒絕使用，並要求這位設計師進行量化研究，來證明他的提議有憑有據。在谷歌，顏色不僅僅是顏色而已，它們還是數學決策。

相同的問題也發生在卡法洛一開始接手專案的時候。公司要創意實驗室為新的搜尋介面設計突顯功能的內容，像是查詢班機、自動校正和語言翻譯等功能。可能的解決方案之一是如何更快速有效搜尋的簡單教學，做一份各項功能的操作指南。另一個則是「每日谷歌」（A Google a Day）方案，也就是一種線上小遊戲，必須利用搜尋功能來解決複雜的謎題。

兩種執行方案卡法洛都喜歡，可是總覺得少了什麼。答案就是情緒。

谷歌擁有很棒的介面和有用的搜尋結果，可是一個介面不會讓你笑也不會讓你哭，一段示範影片除了可以教你怎麼操作這個介面之外，就沒了。卡法洛想要讓介面更人性化，他想要的不只是介紹功能，還要感動使用者。

因此，協同創意實驗室團隊的夥伴，卡法洛設計了一支名為「巴黎之愛」的影片。這支短片講述一段正在萌芽中的愛情故事，隨著時間推移，谷歌搜尋不斷更新變化，影片中沒有出現人的影像，甚或是聲音，只有在搜尋框裡鍵入的關鍵字和跳出的結果。

一開始是有個人鍵入關鍵字「留學法國巴黎」，然後點選搜尋結果頁面上方的一個連結，以瞭解更多；後來他的搜尋是「羅浮宮附近咖啡店」，瀏覽結果之後，找到一家他覺得自己會喜歡的店。他在鍵入下筆關鍵字「翻譯 tu es très mignon」時，你可以聽到背景有女子的笑聲，結果他馬上就知道那個意思表示「你很可愛」。很快地，他接著請教「如何追求法國女孩」的意見，看了建議之後，又搜尋了巴黎的巧克力商店。

音樂隨著劇情的展開慢慢堆積觀者的情緒，我們隨著搜尋者看到他的轉變，從請教對遠距離戀情的意見乃至在巴黎找工作，我們看到他追蹤著一架班機抵達時間，然後搜尋巴黎教堂（伴隨著背景中的教堂鐘聲）；最後，當音樂達到最高潮，我們看到他問的是如何組裝嬰兒床。短片結束時，片尾只有一個簡單訊息：繼續搜尋。

看著這支短片，不可能不撥動你的心弦，它集浪漫、歡笑和感動於一身。每看一次，它總是會再次撥動我的心弦，而我前前後後已經看了數十回。

當創意實驗室將這支短片介紹給谷歌搜尋行銷團隊時，每個人都很喜歡，執行長的夫人也是，每個人都想把短片傳出去。事實上，短片在谷歌內部風評極佳，所以公司決定將它公諸大眾，讓更多人都能看到。藉由訴諸情感，谷歌將一支普通廣告變成了熱門點閱影片。

三問「為什麼？」

這麼做並不需要找一家所費不貲的廣告公司，或是投入數百萬美元才能讓人們感動。卡法洛和其他四位橫越美國被他帶進來的設計系學生們共同製作這支短片，他們不是只強調最新、最炫的特色，而是提醒人們對於谷歌搜尋的喜愛。誠如創意實驗室團隊一名成員所言：「最棒的搜尋結果不是放在搜尋引擎上，而是展現在人們的生活中。」說得真好！

在《黏力》一書中，奇普．希思與丹．希思提出，利用「三個為什麼」來找出創意的情緒核心。寫下為什麼你認為人們做某件事的原因，然後問三次：「這件事為什麼重要？」每次都記下你的回答，然後你會發現，當你每問一次為什麼，就更接近答案；而且你揭開的不只是創意的核心，而是在那背後的情緒感受。

以網路搜尋為例，搜尋為什麼重要？因為人們想要快速找到資訊。

他們為什麼希望如此？這樣他們可以找到想找的答案。

他們為什麼想找出那些答案？這樣他們可以跟別人建立關係、達到他們的目標，讓他們的夢想成真。到這裡，就開始有了更多情緒。

希望人們談論地球暖化，並付諸行動去改變它嗎？不要只指出問題有多大，或滔滔不絕地提出一長串關鍵統計數字。想辦法找出怎麼讓人們關心、在乎這件事，談談北極熊正瀕臨死亡，或是他們的孩子健康會如何受到影響吧。

用高激發情緒挑動人心

在挑選要以哪種情緒為訴求時，要記得是能觸動心弦的，挑選可以喚起高激發反應的情緒。在正面情緒方面：讓人興奮或感動，讓人們看看他們能如何對他人產生影響。在負面情緒方面：讓人生氣而非悲傷，確定北極熊的遭遇可以激起人們的憤怒。

只要在故事或廣告中強化高激發情緒，就可以產生重大影響，讓人更有意願分享出去。在一項研究中，我們改變了一則故事的細節，使其激發人們更大的憤怒。在另一項研究中，我們則讓一則廣告變得更好笑。以這兩項研究來說，兩者結果是相同的。引發更多憤怒或幽默的結果就是更多分享。強化這些情緒可以提高故事或廣告的分享率。

負面情緒也能驅使人們談論更多、分享更多。廣告訊息一般都會盡量強化產品、創意或理念最有利的優勢，從刮鬍刀到冰箱，典型的廣告總是由微笑的顧客對於使用產品的好處讚不絕口。行銷人員往往想辦法避開負面情緒，就怕有損品牌形象。

其實，如果操作正確、應用得當，負面情緒也可以提高口碑。

寶馬汽車（BMW）一支二〇〇一年的廣告宣傳，就成功地挑動觀眾情緒。這家德國汽車公司設計了一系列名為「車夫」（The Hire）的網路電影短片，打破了典型感覺良好的廣告片手法。在影片中，寶馬汽車一路行駛在各種鄉間小路，充斥著綁架、美國聯邦調查局幹員突襲，還有生死一線間的畫面。這些內容所喚起的害怕與擔憂情緒一點也談不上正面，但是這些短片卻高度激發了觀眾反應，使得該系列影片在四個月內就衝破了一千一百萬人次的點閱率。在同一期間，寶馬汽車的銷量也增加了一二%之多。

或者，想想公共衛生宣導短片，它們通常很難以正面的詮釋文字來讓民眾瞭解抽菸會導致肺癌，或是肥胖至少會減少三年壽命。但如果可以加入幾種負面情緒，應該可以比其他文字更有效地讓民眾將訊息傳遞出去。回想在第二章〈觸發物〉中提過的「男子喝脂肪」宣導短片，一大灘白色肥油撲通一聲掉在盤子上，噁！但因為厭惡是一種高激發情緒，所以引起民眾的談論並廣為分享這支宣導短片。設計廣告訊息時能喚起人們的憂慮或厭惡感（高激發），比悲傷（低激發）更能提高人們將訊息傳遞出去的意願。負面情緒可以是驅動人們談論的強大力量，只要使用得當。

談到這兒，我們應該來說說嬰兒揹帶。

嬰兒揹帶、抵制和漫天罵聲

二〇〇八年發生了很多的第一次，中國第一次舉辦奧運，非裔美國人第一次當選美國總統，還有一件事你或許沒有注意到——第一屆國際嬰兒揹帶慶祝活動週。

把嬰兒放在揹帶或類似產品裡趴趴走已行之數百年了，有些專家甚至主張這種做法可以增進親子感情，有益嬰兒與母親的健康。但自從嬰兒推車和其他工具發明後，很多為人父母者已經不再使用揹帶。所以，在二〇〇八年時，就舉辦了一場慶祝活動來宣導、鼓勵全球民眾注意與重新思考嬰兒揹帶的好處。

止痛藥「莫疼」（Motrin）製造商麥克尼爾消費者健康照護公司（McNeil Consumer Healthcare）將此趨勢視為絕佳機會。當時莫疼止痛藥的廣告標語是「我們懂你的痛」，所以為了表示與所有媽媽站在同一陣線，他們拍攝了一支廣告，焦點就放在媽媽用揹帶把嬰兒揹在身上時所忍受的痠痛和疼痛，片中指出揹帶或許對嬰兒好處多多，但是卻對媽媽的背部、脖子和肩膀造成極大負擔。

麥克尼爾公司希望傳達支持的心意，表示莫疼瞭解媽媽的痛，而且隨時可以提供協助舒緩疼痛。可是，很多所謂的「媽咪部落格」網友們卻持不同看法。廣告影片中那位媽媽的旁白說，嬰兒揹帶「讓我看起來完全就像個媽媽，所以如果我看起來又累又抓狂，人們應該可以理解原因」。

這支廣告大大得罪這些媽咪的原因有兩點：影射她們揹孩子是趕流行的說詞，還有她們看起來就像「抓狂」一樣。所以她們在部落格和推特上發文，這股怒火很快就延燒開來。

沒多久，就有數千人加入聲援，她們發出怒吼：「孩子永遠不是流行的代言人，那是多麼可憎的想法！」發文抗議的人數呈倍數成長，很多人都說要抵制這家公司，這個議題開始延燒到推特上，這個抵制行動也引起《紐約時報》、《廣告時代》（*Advertising Age*）等多家媒體爭相報導。很快地，在谷歌搜尋關鍵字「莫疼」和「頭痛」，跳出來的前十大結果中，就有七個是跟這次行銷慘敗相關的連結。

在拖了很久之後，莫疼終於把這支廣告從官網撤下，並發表了一篇冗長的道歉聲明。

及早防堵怒火燎原

拜科技之賜，得以讓擁有共同興趣或目標的人們，愈來愈容易組織聯合行動。藉由提供人們更便利、更快速的聯繫管道，社群媒體可以讓志同道合的個人找到彼此、分享資訊並擬定行動計畫。當人們相隔遙遠或是處理具微妙政治或社會意涵的議題時，這些科技尤其有用。不少人指出，社群媒體就是自二〇一〇年底起，在阿拉伯世界爆發的一連串反政府示威浪潮「阿拉伯之春」（Arab Spring），甚至是推翻突尼西亞與埃及政府事件背後的催化劑。

在這些如火如荼的社會運動中，有些具有正面助益，或是讓人民可以起身反抗獨裁政權，或幫助面對騷擾的青少年瞭解，他們可以過更好的生活。

但在其他情況下，評論與社會運動的本質多屬負面，不實謠言可能愈演愈烈，流言蜚語可能變本加厲。我們到底有沒有辦法預測哪種情況將得以控制，而哪種又會如雪球般愈滾愈大？

部分答案必須回到生理激發來談。有些負面情緒也許更有可能一發不可收拾，因為它們引起高激發反應，自然更可能擴散開來。所以對客服不滿的長串漫罵攻擊，或是擔憂新的健保方案可能更差的謠言，應該比悲傷或失望的表述更容易不脛而走，傳得沸沸揚揚滿城風雨。

所以老師和家長們應該特別留心帶有情緒性的有害謠言，因為它們可能會傳得滿天飛。同樣地，莫疼當初也有機會防堵抵制的發生，只要他們多留意觀察網路上的不滿和牢騷。從民眾留言、推特或狀態更新中，搜尋一些像「惹毛了」、「生氣」、「火大」的字眼，在怒火蔓延之前妥善處理消費者的抱怨。藉由及早改善高激發情緒，在負面效應的野火燎原之前便能獲得控制，甚至全面撲滅。

運動激發人們分享

我們的情緒列車開到這兒，是最後一站了。

在華頓商學院，我們有一個行為實驗室，付費請受測者進行各式各樣心理與行銷實驗，他們的任務通常都是在線上問卷表上勾選，或是在紙上圈出答案。

幾年前的十月，受測者來到這兒進行一項實驗時，聽到的指示跟平常有點不一樣。半數參與者被要求坐在自己的座位上不動，放鬆六十秒，很簡單。

然而，另外一半的人則被要求在原地慢跑一分鐘。不論他們是穿著運動鞋或高跟鞋、牛仔褲或休閒褲，通通被要求在實驗室中央原地跑六十秒。

好。沒問題。這是在做什麼？有些參與者在我們提出要求時投以不解的疑惑眼光，但全數都照做了。

他們做完之後，又繼續參與另一項看似不相關的實驗。他們被告知該實驗是想瞭解人們會跟別人分享些什麼，而且手上都拿到校刊裡最新的一篇文章。閱畢之後，他們可以選擇是否將文章轉寄給任何自己喜歡的人。

實際上，這個「不相關研究」是我最初實驗的一部分，我想要驗證一個簡單卻耐人尋味的假設。到此階段，我們已知能激發情緒的內容或體驗更有可能被分享出去，但我很想知道激發的影響範圍是否更大。如果激發情緒促成分享，那麼是否任何生理激發都會驅使人們將故事和資訊與他人分享呢？

在原地跑步就提供了絕佳的測試。跑步並不會喚起情緒，但它就像生理激發，會讓人心跳加速、血壓升高等等。所以如果任何形式的激發都能提高分享，那麼連在原地跑步都應該會促進人們分享，即使他們所談論或分享的事情與被激發的原因毫無關係也一樣。

結果確實如此。被指示慢跑的學生中，七五%的人分享了那篇文章，比「放鬆組」的學生高出了兩倍之多。因此，任何形式的激發，無論是情緒因素或生理因素，甚或是情境本身（並非內容）使然，都能促進傳播。

小心，不要說出不該說的話

瞭解上述的激發狀況可以驅使人們散播訊息，有助於讓我們明白所謂的「過度分享」

（oversharing），或是為什麼人們有時會把不該揭露的事情也說出口。你可曾在搭機時碰上鄰座的人滔滔不絕地跟你說話，而且盡說些顯然極為個人隱私的事情？或是在跟別人談話之後，才驚覺自己說話太不經大腦，把原本不想說的很多事情都說溜嘴了？為什麼會發生這種事？

沒錯，我們也許是跟某人相處時感覺太自在，或是不小心多喝了幾杯黃湯下肚。但是還有第三個原因，就是如果某種情況下造成我們的生理激發，也許我們就會把原本沒打算透露的事情，也知無不言、言無不盡地全抖了出來。

所以，下次你從跑步機下來、差點發生車禍，或搭機經歷亂流時，小心啊！因為你已經被這些情況激發了，也許接著就會跟別人洩漏太多隱私喔。

這些觀點也指點了我們一個創造口碑的方法：**找到已經被激發的人們。**《交易大決戰》（*Deal or No Deal*）這類電視遊戲節目，或是《犯罪現場》（*CSI*）這種讓人神經緊繃的犯罪劇情，比起有關歷史人物的紀錄片更有可能讓人被激發。當然，這些節目本身就會引發更多人談論，但觀眾看得心驚膽戰、熱血沸騰，應該也有加分效果，這會讓他們更有可能談論在節目中間插播的廣告。在健身房，廣告或許也可以引發更多討論，原因很簡單，因為那些人已經被激發得血脈賁張了。工作夥伴們邊走邊聊或許對團隊會更有貢獻，因為走路會促使人們分享更多想法和意見。

同樣的概念訴諸網路內容也一樣成立。有些網站、新聞報導，或YouTube影片能夠造成更大激發，財務行銷部落格、政官任用親信的報導和搞笑影片全都可能促進激發反應，自然也更能提高人們散布這些頁面上的廣告或其他內容。

廣告時間點也很重要。雖然一個節目整體都是可以激發觀眾的，但其中總會有特定幾幕就是比其他畫面更能激發人。以犯罪片為例，觀眾的焦慮通常會在整齣戲中間某個場景達到最高點，隨著事件最後水落石出，所有緊繃情緒就消失了。在遊戲節目中，刺激感（和喚起的激發反應）在參賽者快發現自己可以贏得多少獎金時，會達到最高。愈接近這些刺激時刻出現的廣告，被人們談論到的機率也愈大。

情緒驅使人們行動。情緒讓我們笑、大叫、大哭，也讓我們談論、分享、購買。與其列舉統計數據或提供資訊，倒不如多聚焦於人們的情緒和感受。誠如為谷歌發想設計「巴黎之愛」短片的設計師安東尼·卡法洛所言：

無論是像谷歌這樣的數位產品，或是像運動鞋這樣的實體產品，我們都應該創造出能感動人心的東西。人們不想感覺在聽人說教——他們想要被取悅，他們想要的是被感動。

但有些情緒比其他情緒更能喚起激發反應。就如我們所探討的，情緒才是讓人傳播訊息的關鍵。生理激發或情緒的起伏高低驅使人們談論與分享，我們必須讓人感到興奮或發笑，我們必須讓他們覺得憤慨而不是傷心，甚至讓人激動的情境也更有可能讓人們把事情傳播出去。

流體力學和網路搜尋似乎是我們所知最不會感動人心的主題，但藉由將這兩種抽象主題與人們的生活產生聯結，並喚起人們的潛在情緒，葛拉蒂和卡法洛讓我們對兩者都關心了起來，而且還主動跟別人分享。

注釋

1 可想而知，外在因素（如文章的刊載位置）也關係到文章能否登上熱門轉寄排行榜。出現在實體報紙首頁的文章，比內頁文章更常被分享；刊登在《紐約時報》網站首頁頂端的文章，比深埋在需要好幾次點擊後才能閱覽的文章更常被分享；由U2主唱波諾（Bono）或前參議員杜爾（Bob Dole）所寫的文章，比知名度低的作者更常被分享。但是，這些相關性並不令人意外，也沒有太大幫助。買下超級盃足球賽廣告時段，或邀請波諾撰文將有助於提高內容被閱覽與分享的機會，然而多數人缺乏資金、與名人也無私交，無法讓這種好事發生。反之，我們的研究專注於內容本身與分享有關的各種面向。

4

曝光

Public

設計能自我行銷的產品對於資源不多的小企業或組織，尤其有利。即使沒有錢買電視廣告時段，或是在地方報紙上刊登廣告，如果產品能夠自我行銷，既有顧客就是最好的廣告代言人，根本不需要廣告。

肯恩．西格爾（Ken Segall）是已故蘋果執行長賈伯斯（Steve Jobs）生前的最佳左右手。有十二年的時間，肯恩一直擔任賈伯斯旗下公司的創意總監。一九八〇年代初，他開始負責蘋果的廣告。當賈伯斯被開除並自創NeXT電腦公司時，肯恩跟隨他出走，繼續並肩作戰。直到一九九七年賈伯斯重回蘋果，肯恩也跟著一起歸隊。肯恩致力於「不同凡想」（Think Different）廣告系列，是創想出「瘋狂的人們」（Crazy Ones）這支廣告的團隊成員，他更把蛋狀的一體成型桌上型電腦命名為iMac，是開啟i系列「瘋」潮的大功臣。

在後來的幾年，肯恩的團隊每兩個星期會和賈伯斯坐下來討論。那算是一種工作匯報會議，他們會分享廣告作業流程上的所有事情：富潛力的點子、新的廣告文案和構圖。賈伯斯也會這麼做，他會跟肯恩的團隊分享蘋果的狀況、在銷售什麼產品，以及如果有什麼新產品要推出，也許有必要做廣告，諸如此類。

某個星期，賈伯斯和肯恩的團隊開會時態度強硬，無論如何也不肯讓步。賈伯斯滿腦子都是絕對要給使用者最好的體驗，他總是把顧客擺在第一位，顧客是掏錢的人，他們應該得到該有的對待。所以蘋果把這樣的理念帶入產品設計的每個環節，從開箱到打電話請求技術支援。當你第一次打開新iPhone的包裝時，曾注意到自己迫不及待的感覺嗎？那是因為蘋果非常重視設計出那樣的體驗，亦即提供顧客最完美的奢華感與迫切感。

上下顛倒的蘋果商標

這樣的理念堅持也可以在新產品鈦書筆電（PowerBook G4）的設計上窺見一二。這款筆記型電腦將會成為技術與設計上的傲人作品，它的鋁合金機身深具革命性，比不銹鋼堅固，卻比鋁更輕盈，而且厚度不到一英寸，成為當時有史以來最薄的筆電。

可是賈伯斯關心的並非這款筆記型電腦的堅實或是它的重量，他關心的是蘋果商標的放置方向。

鈦書筆電的上蓋有個蘋果被咬了一小口的商標，為了堅持使用者至上的理念，蘋果希望電腦用戶看到這個商標的方向是正確無誤的。這點從筆電蓋子開開關關之頻繁來看，尤為重要。使用者會把筆電塞進背包或手提袋裡，之後再拿出來繼續工作。每次你拿出筆電的時候，很難知道哪一邊該朝上、哪一邊可以打開，以便你把筆電放在桌上時能面對自己。賈伯斯希望這個動作能愈流暢愈好，所以他總是把商標視為指南針，讓蓋子闔上的時候必須面對使用者，所以使用者可以很容易定位筆電的方向。

但當使用者打開隨身的筆電，問題就來了。只要他們在咖啡店裡找到位子，坐下來享用瑪奇朵咖啡，他們就會打開筆電開始工作；可是只要一掀開筆電蓋子，商標就轉向了，周遭所有人看到的都是上下顛倒的蘋果商標。

賈伯斯是個超級品牌至上完美主義者，所以看到那些上下顛倒的商標，怎麼看就是不順眼，他甚至憂心那有損品牌形象。

因此，賈伯斯問了肯恩團隊一個簡單的問題，究竟何者比較重要：是在顧客打開鈦書筆電之前看到商標的方向是對的，還是使用鈦書的時候全世界的人看到的商標方向是對的？只要你下次留意蘋果筆電就會發現，肯恩和賈伯斯推翻了他們長久以來的堅持，他們把蘋果商標上下倒放，為什麼？

曝光度。賈伯斯知道，看見別人在做某事，會更有可能讓人親自去體驗。

但關鍵在於「看見」這兩個字。如果很難看見別人在做什麼，自然不容易去模仿。讓事情被更多人看見，就能讓它更容易被模仿。所以，要促使產品風行暢銷的一個關鍵要素，就是**大眾能見度**。要壯大，就要被看見。

模仿心理

想像你到外地出差或跟朋友出遊，置身在陌生城市裡。當你終於抵達當地，到飯店登記入住，匆匆洗了個澡之後，覺得肚子餓扁了，是該吃晚餐了。

你想去一家不錯的餐廳，可是對這個城市不熟。飯店櫃檯人員正在忙，你也不想花時間查看網路上的餐廳評價，於是你決定踏出飯店「走著瞧」。可是當你走到繁忙的街道一瞧，多達數十家餐廳令你眼花撩亂。有座落於紫色涼篷裡的泰國餐廳、有時髦裝潢的西班牙風味小館，也有義大利小餐館，你要如何選擇？

如果你跟大多數人一樣，大概會根據一個千古不變的經驗法則：找一家高朋滿座的餐廳。如果很多人去那裡吃，表示那家餐廳大概還不錯。如果你一看裡面冷冷清清，大概就會繼續往下走。

這只是一個廣泛現象的實例之一。人們經常模仿身旁周遭的人，穿衣打扮喜歡向朋友的風格看齊，上餐廳愛選其他客人常點的菜，飯店毛巾重複使用（認為別人也這麼做）。選舉時如果配偶有去投票，自己也會有更高意願去投票；如果朋友戒菸成功，自己也愈有可能戒掉菸癮；如果朋友變胖，自己也更容易變成肥胖一族。無論是生活瑣事（像要購買什麼品牌的咖啡）或重要抉擇（如要不要繳稅）等，大家都習慣看別人怎麼做就怎麼做。電視節目使用罐頭笑聲的理由便是：觀眾聽到別人笑，愈有可能跟著大笑。

人們之所以模仿，有部分原因是因為別人的選擇提供了資訊。我們每天所做的許多決定，就像在陌生城市裡找餐廳吃飯一樣，需要一點資訊可供參考。哪支叉子是用來吃沙拉的？度假時要帶哪本書比較好？我們不知道正確答案為何，就算有點知道怎麼做，也不能百分之百確定。

因此，為了解決我們的不確定，我們通常會看別人怎麼做，然後跟著做。我們心想如果別人那樣做，那一定是個好辦法。他們也許知道我們所不知道的，這樣做安全多了。如果同桌的人好像是用小叉子吃芝麻菜，我們也會照做。如果很多人好像都在閱讀約翰·葛里遜（John Grisham）最新的驚悚小說，我們也會買一本帶著出國度假時看。

心理學家稱這種心態為**「社會認同」**（social proof）。這就是吧檯調酒師在拿出小費玻璃罐時，一開始會先丟進一大把紙鈔來作為「誘餌」的道理。如果小費罐裡面空空如也，客人心裡會想別人大概都不給小費，所以決定不要給太多小費；但如果小費罐裡已經塞滿鈔票，他們就會認為每個人一定都給了小費，自己也應該給才對。

社會認同甚至在攸關生死之事上，也扮演著重要角色。

放棄救命腎臟

想像你有一枚腎臟功能衰竭。你的身體原本依賴這枚腎臟來代謝血液中的毒素和廢物，一旦它喪失功能，你的整個身體會隨之每況愈下，鈉離子累積在體內、骨骼疏鬆，以及罹患貧血或心臟疾病的風險升高。如果不趕快治療，性命就不保了。

美國每年有超過四萬人死於腎衰竭，他們的腎臟因某種原因喪失功能，而他們有兩個選擇：一是每週花上大把時間往返治療中心三次，接受每次五小時的洗腎療程；或者接受腎臟移植。

但根本沒有足夠的腎臟可以移植，現在有超過十萬名病患還在等候名單上，同時每個月有超過四千名新的病患被加入名單中。可想而知，等候移植手術的人是多麼渴望得到一枚腎臟；如果等不到，他們也許活不了多久。

想像你也在等候名單上。醫療管理原則是先來者有優先權，高踞名單前茅的病患通常也是等待時間最久的人，有可移植腎臟時，他們可以優先選擇。你已經等了好幾個月，還沒等到可移植腎臟，而你在名單上的位置又非常後面，但終於有一天他們通知你有配對成功的腎臟可以給你的時候，你一定會接受，對嗎？

顯然，一個需要靠腎臟移植來挽救生命的人，有這個機會的時候應該都會接受才對。但令人意外的是，九七・一％的腎臟配對成功者竟然都拒絕接受，其中有人拒絕的原因是認為那枚腎臟並不「適合」。從這個觀點來看，取得器官移植有點像將車子送廠維修，你不能把本田汽車的化油器裝到一台寶馬汽車上；同理，腎臟移植也是如此，如果細胞組織或血型不吻合，這枚器官就無法正常運作。

不過，痲省理工學院教授張娟娟看了幾百個腎臟捐贈名單後，發現社會認同也是導致民眾婉拒配對腎臟的原因之一。假設你在名單上是排第一百位，捐贈腎臟已經和名單上第一順位、第二順位……的病患配對過，所以在終於跟你進行配對之前，已經被九十九人拒絕了。此時社會認同就發揮作用了。如果有這麼多人都不要這枚腎臟，患者心中就會覺得這枚腎臟肯定不太好，他們會推測因為這枚腎臟功能不好，所以別人才不要。事實上，這種推論造成每十人當中，就有一人會做出錯誤選擇而放棄配對腎臟，導致數千名病患最後謝絕了應該接受的機會。即使無法與等候移植名單上的其他病患直接溝通，人們也會根據別人的行為做出自己的決定。

類似的現象隨處可見。

社會影響力無處不在

紐約小吃「伊斯蘭餐車」（Halal Chicken and Gyro）供應附有雞肉和羊肉、清淡口味米飯，以及皮塔餅的美味套餐。《紐約》（*New York*）雜誌曾票選它為該市排名前二十大小吃攤美食之一，民眾通常得等上一個小時才能享受這道平價的伊斯蘭美味。每天在某幾個特定時段前去，就會見到大排長龍的排隊人潮一路排到下條街口。

我知道你現在正在想什麼：大家會願意等那麼久，一定是因為它的食物真的好吃。你的想法也沒錯，它的食物是滿好吃的。

但同一批老闆也同時在對街經營了名為「伊斯蘭小吃」（Halal Guys）的小吃攤，賣的東西幾乎一樣，同樣的食物、同樣的包裝，基本上就是一模一樣的菜色，可是看不到排隊人潮。事實上，對街這家小吃攤生意一直未見起色，永遠拚不贏「自己人」。為什麼？

社會認同。大家認為排隊的隊伍愈長，食物一定愈好吃。

這種從眾心理（herd mentality）甚至會影響人們選擇職業類別。每年，我都會請自己研究所二年級的MBA學生回答一個簡短的問題。全班有一半的學生會被問到，他們剛進入研究所時希望日後要從事哪一行；另一半的學生則被問到，他們現在希望從事的行業。兩組學生都不會看到另一組的問題，而且採取不記名方式作答。

問卷結果令人震驚。剛進入研究所時，他們的理想和抱負範圍非常廣泛。琳賽想要改善健保制度，馬汀想設計一個新的旅遊網站，蘿拉想進入娛樂圈，艾利克想參政，辛蒂則是想成為一位企業家。另外，有四五個學生想進入投資銀行業或顧問業。整體而言，學生們的興趣、目標和職涯規劃可謂形形色色。

至於被問到現在想做什麼的那組學生，他們給的答案一致多了。超過三分之二的人說他們想踏入投資銀行業或顧問業，其他則是零零星星的幾種不同答案。沒錯，學生在MBA課堂上也許認識了各種不同的就業機會，但這種集中現象有部分原因是社會影響力所致。學生不確定自己要選擇什麼行業，所以他們會參考別人的意見，結果像滾雪球般，進來念MBA的學生當中，不到二〇%可能有興趣進入投資銀行業和顧問業，但這個比例還是多於其他職業選擇。一些人在看到二〇%這個數字後便改變心意，然後，又有一些人看到這樣的轉向，便依樣畫葫蘆。很快地，這個比例增加到三〇％，導致又有另一些人心猿意馬。就這樣，二〇％的比例迅速暴增。受到社會影響力的影響，一開始的這個小小優勢便愈滾愈大。社會互動導致原本打算走另一條路的學生，最後也選擇走上相同的道路。

社會影響力對行為能發揮強大作用，但是，為了要知道如何善用它，以利於產品、創意或理念的風行，我們必須瞭解社會影響力何時能發揮最強大的影響力。這時候，我們就必須來談談柯琳．喬娜森（Koreen Johannessen）了。

看見的力量

柯琳．喬娜森起初在亞利桑那大學（University of Arizona）擔任臨床社會工作治療師。她原本受雇於心理健康團體，在那裡幫助學生處理憂鬱症和吸毒之類的問題。但治療學生幾年下來，喬娜森領悟到，她處理這些問題的方向錯了。沒錯，她可以盡力矯正偏差學生層出不窮的問題，但如果可以在問題出現前事先預防，效果豈不更好。所以喬娜森轉而投入校園保健小組，並開始選修保健教育學分，最後成為保健推廣暨預防服務主任。

和大多數美國大學一樣，亞利桑那大學最嚴重的問題之一就是酗酒的風氣。據說，全美有超過四分之三的大學生都是未成年飲酒，但更嚴重的是他們喝酒的量。四四％的學生都有飲酒過量的問題，每年因喝酒事故身亡的學生超過一千八百人。在酒精作用下意外受傷的學生更高達六十萬人。這是非常嚴重的問題。

行為是公開的，想法是私密的

喬娜森迎頭正視這個問題。她在校園裡貼上海報傳單，詳述喝酒的種種不良後果；在校刊裡刊登廣告，提供飲酒影響大腦認知功能與學校課業表現的資訊；甚至在學生中心擺放了一副棺材，附上喝酒造成死亡的數據。但是這些行動似乎對改善問題起不了絲毫作用，只是教育學生喝酒的風險似乎還不夠。

於是喬娜森試著詢問學生對於喝酒的感覺，[1]她驚訝地發現大多數學生都表示他們對於同儕嗜酒爛醉感到非常不舒服。當然，他們也許偶爾喜歡小酌一杯，跟很多大人一樣，但是他們無意像校園中其他許多學生那樣狂飲酗酒。在談到自己幾次照料宿醉室友，或想辦法把癱在廁所嘔吐的人攙扶起來時，他們的語氣都透露著一絲厭惡。所以，儘管同儕中很多人對於校園的酗酒文化看似沒有什麼意見，其實他們根本無法苟同。

對於這樣的表態，喬娜森很高興。多數學生反對狂歡貪杯的事實，似乎是消除酗酒問題的好預兆——直到她仔細思考後。

如果多數學生對嗜酒文化都感到不舒服，那當初為什麼會發生？如果他們不是真的愛喝酒，為什麼會喝過量？

因為行為是公開的，而想法是私密的。

假設你自己是一位大學生。當你環顧四周，隨處所見都是聚會喝酒的景象。足球賽開打前，可以看到球迷在停車場烤肉喝酒的「車尾派對」（tailgate party）；在男大生聯誼廳可以看到啤酒桶派對（keg party）；在姊妹聯誼舞會上也可以看到免費酒吧。你目睹同儕們在喝酒，而且看起來非常歡樂，所以你會認為自己是局外人，打不進他們的圈子。其他人好像每個都比你愛喝酒，所以你又喝了第二杯。

但是學生們不明白的是，每個人都有一樣的想法。他們的同儕也有相同的經驗，他們看到別人在喝酒，所以也跟著一起喝酒，以致這種現象不斷循環下去，因為我們無法讀出每個人內心的想法。如果可以，大學生就會明白每個人的感覺都是一樣的，如此一來，他們就不會迫於這種社會認同壓力而喝更多酒。

舉個大家比較熟悉的例子。想想上次你參加一場鴨子聽雷的簡報會議，主題大概是關於分散投資或供應鏈重整，主講人說完整段發言之後，可能會問現場聽眾有沒有任何問題，而聽眾的回應是？靜悄悄……。但這不是因為所有聽眾都瞭解了這場簡報，別人大概一樣搞不清楚狀況，只是他們想舉手時，擔心自己是唯一聽不懂的人，索性就不舉手了。為什麼？因為在座沒有任何人發問。大家都未看到有公開跡象顯示他人一樣感到困惑，所以就把自己的疑問藏在心裡。因為行為是公開的，而想法是私密的。

有樣學樣

「有樣學樣。」這句家喻戶曉的俗諺道盡了人類模仿的傾向。人們只要看到別人在做，也就會跟著做。大學生個人也許反對把酒狂歡，但最後也染上了酗酒惡習，因為他們看到別人也在這樣做。一家餐廳也許總是高朋滿座，但如果它的窗戶霧茫茫一片，讓人無法清楚看到餐廳裡的情況，過往路人就無法判斷餐廳生意好壞，以作為選擇的參考依據。[2]

結論是，**能見度**對於產品、創意或理念能否大為風行具有重大影響力。譬如，有一家服飾公司推出了一款新T恤，你看見有人穿，而且很喜歡，你就會去購買同款或類似的T恤。但這種事不太可能發生在襪子上。為什麼？因為T恤暴露在外，而襪子是隱密的，比較不容易被人看見。

同樣地，以牙膏和汽車來說也是如此。你不太可能知道隔壁鄰居用的牙膏是哪個牌子，因為它們被放在浴室的置物櫃裡，但是你應該知道他們開什麼廠牌的車。而且因為購車喜好比較容易被看見，所以鄰居買車的行為也更有可能影響你的決定。

我與同事艾立克．布萊德勞（Eric Bradlow）、布雷克．麥西恩（Blake McShane）利用一百五十萬輛汽車的銷售資料來驗證這個推論。看到鄰居買車，你就會去買一輛新車嗎？果然，我們發現二者之間存在著相當顯著的影響效應。譬如，居住在丹佛市的人，如果左鄰右舍有人最近買了新車，他們確實更有可能也去買一輛新車。而且這個影響力相當大，每八輛成交的新車中就有一輛是因為社會影響力所促成。

更令人印象深刻的是，曝光度在這些影響力上所扮演的角色。不同城市看見別人開什麼車的機會也各異。洛杉磯人通常開車上下班，所以相較於搭地鐵通勤的紐約客，更容易看見別人開什麼牌子的車。住在邁阿密那些陽光普照的地方，相較於西雅圖這類陰雨綿綿的地方，人們要看見旁人開什麼車也更容易。但這些因素除了影響曝光度之外，也對社會影響力在購買汽車一事上的效力造成差異。像洛杉磯和邁阿密這些容易看到別人開什麼車的地方，人們更容易被他人的買車喜好影響自己的購車決定。行為愈容易被看見，其社會影響力愈大。

可以看到的事物，被討論的可能性也愈高。你曾經走進某人的辦公室或家中，看到他們書桌上的奇特紙鎮，或是客廳裡懸掛的精美畫作，而詢問對方嗎？想像一下，如果這些東西被緊鎖在保險箱或囤積在地下室裡，還會頻頻被人問起嗎？大概不會。公開曝光能提高口耳相傳的機會和口碑。愈容易看到的東西，愈多人會談論。

產品曝光度也會刺激人們購買與行動。我們在第二章〈觸發物〉裡也提到，周遭環境的各種暗示不僅能提高口耳相傳的機會與口碑，也會讓人想到已經想買的東西或想做的事情。也許你已經打算改善飲食習慣，或是上朋友提過的新網站瞧瞧，可是如果看不到觸發物來喚起你的記憶，你很可能根本不記得這回事。一個產品或服務能見度愈高，愈能驅使顧客採取行動。

那麼，產品、創意或理念要如何提高能見度呢？

化私密為公開：八字鬍之妙

每年秋季我在華頓商學院教授的MBA學生大約是六十人，時序來到十月底時，我已經對班上大多數學生有了些許瞭解。我知道誰會每天遲到個五分鐘，誰會第一個舉手發問，還有誰會穿得像歌劇中的女主角。

所以幾年前有件事讓我小小吃了一驚。那年十一月初我走進教室，看到一個我認為還滿循規蹈矩的男學生竟然蓄著濃密的八字鬍。他看起來根本不像是忘了刮鬍子，因為濃密的八字鬍尾端已經翹了起來。他看起來儼然是美國職棒強投羅利・芬格斯（Rollie

Fingers）與黑白老電影裡那些惡棍的綜合體。

一開始我以為他肯定是在進行臉部毛髮實驗，但後來我環顧教室，發現另外還有兩名學生也崇尚起八字鬍，那似乎是一股正在形成的風潮。怎麼會開始刮起這陣八字鬍風呢？

據說每年全球罹癌人口中，有超過四百二十萬名為男性。而且每年有六百萬名新患者被診斷出罹癌。幸好有各方慷慨捐款，協助癌症研究與其治療技術不斷精進。但是，這些致力對抗癌症疾病的組織如何運用社會影響力，來籌募更多捐款呢？

遺憾的是，一個人是否支持某癌症基金會基本上是私密行為。如果你和大多數人一樣，你應該不太可能知道自己的鄰居、同事，甚至是朋友捐款給哪個組織，為打擊癌症略盡綿薄之力。所以，他們的行為也不可能影響你；反之，亦然。

這就是蓄八字鬍的由來。

這一切要回溯至二〇〇三年某個週日下午，澳洲墨爾本市一群朋友一邊喝啤酒，一邊天南地北聊著天。聊著聊著，最後聊到了一九七〇和八〇年代流行的事物。有人就問：「八字鬍到哪兒去了？」幾罐啤酒下肚後，這些人決定打個賭，看誰留的八字鬍最好看。這個賭局也傳到其他朋友耳中，最後總計三十個人接受挑戰。於是，所有人從十一月初開始蓄鬍三十天。

隔年十一月他們又重啟戰局，但是這次他們決定讓自己的努力有個正當理由。受到乳癌預防觀念推廣的啟發，他們也想為提倡男性防癌觀念做點什麼。於是他們創立了「十一鬍子月基金會」（Movember Foundation；Movember為moustache（八字鬍）與November（十一月）的組合字），他們打出的口號是「讓男人的健康改頭換面」（Changing the face of men's health）。那一年，這個新組織召集了四百五十人共襄盛舉，為澳洲前列腺癌基金會募得了五萬四千美元。

自此之後活動愈辦愈盛大，隔年超過九千名參與者響應，再隔年，人數就突破了五萬人。沒多久，這個年度盛大活動也開始在世界各地熱烈展開，到了二〇〇七年，從愛爾蘭、丹麥到南非和臺灣，世界各國都響應了這個活動。該基金會成立至今，全球募款超過一億七千四百萬美元，這個成績對臉上的那撮毛髮來說，確實不賴。

如今，每年十一月，男人就會留起八字鬍，宣誓提倡男性保健議題與募款行動的決心。活動規則很簡單，只要從十一月一日開始，用一張乾乾淨淨的臉在接下來的整整一個月時間裡，留起八字鬍就行了。對了，還要讓自己的行為舉止像個真正的鄉紳。

十一鬍子月基金會成功的原因就是他們懂得如何化私密為公開，他們懂得如何把支持一種基本上難以看見的抽象理念，轉變成有目共睹之事。在十一月的每一天裡，留八字鬍的男人有效地成了這個理念的活動招牌，誠如該基金會網站上這段文字所言：

> 透過他們的行動和言論，他們（參與者）促進了大眾無論是在私下或公開場合，談論經常遭到忽略的男性健康議題，來喚起大眾的醒覺。

這個活動確實掀起了話題。當你看見自己認識的人突然留起了八字鬍，肯定會引起議論。通常人們會先私下竊竊私語，直到有人鼓起勇氣趨前詢問留著新鬍子造型的當事人；就在他們解釋的同時，他們也在分享社交身價，進而吸引更多人共襄盛舉。每年十一月，我看到留八字鬍來上課的學生愈來愈多。讓你的活動理念可以被人們具體看見，比其他任何方法都更能迅速獲得大眾響應。

人們消費什麼產品、支持什麼理念和採取什麼行為大多相當私密。同事們喜歡哪些網站？鄰居支持哪些公投議題？除非他們主動告訴你，否則你永遠不得而知。這些事也許跟你個人沒什麼關係，但卻對組織、企業、創意或理念影響甚大。如果大家看不到別人喜歡什麼、選擇什麼或在做什麼，便不會起而效尤。更糟的是，以狂歡酗酒的大學生為例，他們這種惡習也許會變本加厲，因為他們覺得沒有人支持自己的觀點。[3]

要解決這個問題，必須化私密為公開。讓私下的選擇、行動和意見產生公開訊號，使得一度隱而不見的想法或行為改頭換面，增進它們的曝光度。

柯琳・喬娜森就是藉由化私密為公開，成功地減少了亞利桑那大學校園中狂歡酗酒的問題。她在校報上設計了一則只呈現真實現象的簡單廣告：大部分學生只喝一、兩瓶酒，六九％的學生參加派對不會喝超過四瓶。她沒有把焦點放在喝酒造成的健康問題上，而是聚焦於社交資訊。藉由讓學生看見大多數同儕並不愛狂歡酗酒，喬娜森讓學生們知道別人也和自己有相同的感受，大部分學生並不想喝得酩酊大醉。這個事實矯正了每個人從他人行為做出的錯誤推論，而慢慢引導他們減少自己的飲酒量。透過化私密為公開，喬娜森得以減少近三〇％的校園酗酒問題。

自我行銷

跟全世界分享Hotmail

提升曝光度，讓事情變得更公開的一個方法就是：設計自我行銷的點子。

一九九六年七月四日（美國獨立紀念日），傑克．史密斯（Jack Smith）和沙比爾．巴蒂亞（Sabeer Bhatia）推出了一種稱為「Hotmail」的新電子郵件服務。當時，美國人大多透過美國線上（AOL）這類網路服務業者收發電子郵件，用戶每個月必須付費使用，利用室內電話線撥號，透過AOL介面收發郵件。用戶只能從已安裝相關電郵設定的電腦收發郵件，可說是限制重重。

但Hotmail不一樣。它是第一個提供網路電子郵件服務的先驅之一，只要能上網並安裝好網頁瀏覽器，任何人都可以從世界上任何角落的任何一台電腦進入個人信箱。

Hotmail是一種很棒的產品，也締造了許多佳話，時至今日依然為人津津樂道。在當時，可以從任何地方進入電子信箱是非常了不起的創新，所以Hotmail的早期採用者很喜歡談論Hotmail，因為可以展現社交身價，讓他們很有面子。這個產品還透過其他電子郵件服務，提供實質性的好處（首先，免費就夠棒的了！），因此很多人是為了它的實用價值，而與其他人分享。

但Hotmail的創辦人不只是創造了一種好產品，也聰明地運用了提高能見度，來推廣這項產品的風行。每一封從Hotmail帳號寄出的郵件就像是拓展品牌的轉接頭，在郵件下方有一則簡單訊息和連結：「到Hotmail申請免費私人電子郵件」（Get Your Private, Free Email from Hotmail at www.hotmail.com.）。它的用戶每寄出一封郵件，就是寄給潛在用戶一點點社會認同，為這個沒沒無聞的新服務默默背書。

這招奏效了。只過了一年，Hotmail的註冊用戶就超過八百五十萬人；沒多久，微軟就以四億美元買下這個生機蓬勃的服務。如今，它的註冊用戶已突破三億五千萬人。

蘋果手機和黑莓機也採取了相同策略。在他們的電子郵件下方簽名處通常會出現這段文字：「使用黑莓機發送」（Sent using BlackBerry）或「從我的iPhone傳送」（Sent from my iPhone）。手機用戶可輕易改寫這則設定訊息（我的一位同事就把它改成「由信鴿傳送」），但大多數人不會這樣做（部分原因是他們喜歡這則訊息提供的社交身價）。當用戶將這則訊息保留在電子郵件中，也是在幫這家公司散播品牌知名度與影響力。

上述所有例子都屬於產品的自我行銷行為。每當人們在使用該產品或服務之際，也同時在傳遞社會認同，因為使用行為是可見的。

很多公司旗下的知名品牌，也都應用了這個策略。A&F（Abercrombie & Fitch）、耐吉和Burberry會採用品牌名字或是與眾不同的商標和圖案，來裝飾自家的商品。「出售中」的看板固然是在公告有不動產要賣，另一方面其實也在大力傳播受委託的仲介。

用尺寸、顏色、形狀等吸睛

遵循愈大愈好的原則，一些公司還把自家商標尺寸加大。勞夫羅倫最知名的就是Polo衫上的馬球騎士商標，可是大馬衫（Big Pony）把這個著名商標整整放大了十六倍。為了不在第一大商標的爭奪戰中屈居人後，俗稱鱷魚牌的拉科斯特（Lacoste）不甘示弱，也立刻跟進，大鱷魚短恤（Oversized Croc）上的鱷魚商標大到好像要把穿著它的人手臂咬掉似的。

但知名商標並非產品可以自我行銷的唯一方法。以蘋果決定把iPod耳機設計成白色為例，蘋果推出iPod之初，市面上的數位音樂播放器琳瑯滿目，許多競爭對手如帝盟多媒體（Diamond Multimedia）生產的是一種稱為Rio的播放器；另外創意（Creative）、康柏（Compaq）、愛可視（Archos）和其他公司，也都相繼推出了各式各樣不同的音樂播放器產品。不同公司之間的音樂儲存檔案格式各異，要轉換並不容易；而且究竟是哪家的規格會勝出成為業界標準，以及值不值得從手提CD音響或隨身聽轉換到這種昂貴的新產品，仍在未定之天。

由於當時幾乎每一台隨身聽、MP3或其他音樂播放器所附的都是黑色耳機，所以蘋果把iPod耳機做成白色，不僅特別顯眼突出，也讓人們很容易就看到有多少人在用iPod。於是，這種可見的社會認同，暗示了iPod是更好的產品，進而讓潛在顧客更有信心選擇購買iPod。

形狀、聲音和其他各種與眾不同的特色，也有助產品自我行銷。例如，品客洋芋片（Pringle）別具一格的直筒狀包裝，以及使用微軟作業系統的電腦在開機時會發出一種特殊聲音。一九九二年，法國鞋品設計師克里斯提．魯布托（Christian Louboutin）覺得自己設計的鞋款缺乏活力，某天他環顧四周，注意到一名員工的纖纖玉指上，擦著令人驚豔的紅色香奈兒（Chanel）蔻丹。就是它了！他的腦海中靈光一閃，就這樣將豔紅蔻丹應用在鞋底設計上。現在，魯布托品牌的鞋子每一雙都漆上「紅底」，讓人一眼就認得出來。「紅底鞋」如此明目張膽的獨特性，連對該品牌不甚熟悉的消費者都能一眼瞧見。

同樣的概念也可以應用在眾多產品與服務上。裁縫師傅給客人帶走的禮服袋子上印著自己的名字；在夜店，如果有人付費要求開瓶服務，服務生就會手持仙女棒昭告天下。門票一般都放進觀眾口袋裡，但是如果戲院或小聯盟球隊可以用貼紙或圓形小徽章代替門票，會更容易被廣大群眾看見。

值得注意的是，設計能夠自我行銷的產品對於資源不多的小企業或組織，尤其有利。即使沒有錢買電視廣告時段，或是在地方報紙上刊登廣告，如果產品能夠自我行銷，既有顧客就是最好的廣告代言人，根本不需要廣告。

當人們在使用一件產品、支持一個理念，或採取一個行動時，它們就是在自我廣告。因此，當人們穿著某件衣服、參加集會或瀏覽網站時，會讓朋友、同事和鄰居更容易看見他們在做什麼，並起而仿效。

如果一家企業或組織夠幸運的話，消費者會常常使用他們的產品或服務。但是其他時間呢？當消費者穿著他牌服飾、支持另一種理念，或完全在做其他事情的時候呢？有沒有什麼東西可以持續發揮社會認同的效力，即使在消費者沒有使用這些產品，或沒有想到這些理念的時候也不間斷？

有。那就是所謂的「行為痕跡」（behavioral residue）。

行為痕跡

「堅強活下去」黃色抗癌募款手環

史考特・麥伊成（Scott MacEachern）面臨了一個艱難抉擇。二〇〇三年，藍斯·阿姆斯壯（Lance Armstrong）是那一年的當紅炸子雞，耐吉作為他的贊助商，麥伊成絞盡腦汁要找出藍斯可以引起大眾注意的最佳方法。藍斯有個非常激勵人心的故事，他在八年前被診斷出罹患致命的睪丸癌，醫生告訴他只有四成的存活率。但令人驚訝的是，藍斯不僅重回自由車賽事，還以更強壯的姿態重新現身於世人眼前。自重返運動場後，藍斯蟬聯五屆環法自由車賽冠軍，而且鼓舞了全球數百萬人向他看齊，從抗癌的十五歲少年到大學生都積極地健身。藍斯激勵了人們對生命的積極態度：如果他可以抗癌成功重新站起來，那麼自己也一定可以克服生命中的挑戰。

麥伊成希望可以利用並延續這股熱潮。藍斯已經超越了運動疆界，他不只成了人們心目中的英雄，更是世人景仰的當代文化偶像。麥伊成希望表揚藍斯的偉大成就，並慶祝他即將摘下第六面環法自由車賽金牌，同時也希望利用廣大民眾對藍斯蜂擁而至的興趣與支持，為「堅強活下去」基金會募款並提高知名度。他要如何讓廣大民眾響應活動？

麥伊成發想出了兩個可能方案。

方案一：自行車環繞美國之旅。參加者先為自己設定一個目標里程數，然後請親朋好友出錢贊助他們的自行車之旅。這會鼓勵更多人運動，提高民眾對騎自行車的興趣，協助堅強活下去基金會籌募善款。藍斯甚至有可能在自行車環美之旅中現身，騎上一段路。這場活動將持續數週，而且很有機會取得全國性媒體，或自行車行經城市地方媒體的大幅報導。

方案二：手環。耐吉最近開始推出運動手環（Baller Band），這是一種矽膠材質手環，內圈刻上「隊名」或「尊重」的字樣。籃球選手戴上手環上場，讓自己保持專注或是激勵自己。所以，何不推出以阿姆斯壯為主題的手環呢？耐吉可以生產五百萬條手環，每條售價一美元，並將所有收益捐給堅強活下去基金會。

麥伊成喜歡這個手環方案，可是藍斯的顧問群並不認同他的提案。該基金會認為手環是譁眾取寵的垃圾商品，阿姆斯壯的律師經紀人比爾．史戴波頓（Bill Stapleton）認為這個被他們稱為「蠢主意」的提案，根本沒有一點成功的機會。就連阿姆斯壯本人也滿腹狐疑，「到時候，我們賣不出去的那四百九十萬條手環怎麼辦？」

麥伊成無力施展。他喜歡手環這個點子，但不確定它會一舉成功。不過，麥伊成後來做了一個看似無關痛癢，卻對這個產品得以大獲成功影響重大的決定。麥伊成把手環做成了黃色。

黃色是這位環法自由車賽冠軍選手運動服的代表色，而且無關性別，所以不論男女都可以配戴。

其實從能見度的角度來看，這也是一個明智之選。黃色是極度搶眼的顏色，不論人們穿什麼都藏不住，遠遠地就可以看到堅強活下去的手環。

高能見度的優勢助長了這個產品大獲成功。耐吉不只賣出了首批發售的五百萬條手環，在接下來六個月內上市的手環也全都銷售一空。生產速度無法應付市場需求，由於這個手環實在是太搶手了，甚至有人開始在eBay喊出十倍的價錢拍賣。這條手環總計賣出八千五百萬條，你很可能也看周遭朋友戴過。這條小小的塑膠玩意兒，還真是不容小覷。[4]

如今，我們難以得知，如果當初耐吉選擇騎自行車環美這個方案，成效會如何。可是，現在放馬後炮說發售手環顯然是明智之舉卻很容易。但無論如何，有個不爭的事實就是手環製造了更多「行為痕跡」。誠如麥伊成以下一針見血的注解：

> 手環最棒的就是它永遠長存。然而騎自行車環美之旅卻沒辦法，雖然活動會留下照片，民眾也會談論它，但除非活動每年舉辦——即使年年舉辦，它終究不是一種每天能提醒我們的長存事物。但是，手環可以。

行為痕跡是行動或行為發生過後，留下的蛛絲馬跡或證據。推理迷的書架上擺滿了推理小說；政客把跟知名政治人物握手的照片裱框起來，參加五千公尺長跑的選手獲得獎盃、T恤或獎牌。如同我們在〈社交身價〉一章所述，從諸如堅強活下去手環這類實體物品，得以一窺人們的真實自我與喜好，即使是難以從外表看出的私密行為，例如有沒有捐款給某個慈善活動，或是喜歡推理小說但不喜歡歷史小說等等。

一旦曝光於眾目睽睽之下，這些蛛絲馬跡便足以讓人起而效尤，人們也可能因此談論相關產品、創意或理念。

以投票為例，要讓民眾去投票並沒有那麼簡單，民眾必須找出所屬的投票所在哪裡，上班族可能還得請半天假，人多的時候可能要排隊等上好幾個小時，才有機會投出手中神聖的一票。不過，在重重障礙背後隱藏的一個事實是：投票是私密行動。除非你恰巧在投票所遇見認識的人，否則根本無從得知究竟有多少人認為投票是值得去做的事。所以，社會認同對投票行為的影響也就沒有那麼大了。

不過，在一九八〇年代，選務官員想出了一個好辦法，可以讓投票變得更有跡可循——提供「我投票了」貼紙。這項做法簡單到不行，卻製造了行為痕跡。一張貼紙將私密的投票行動公開，人人都看得見，甚至在民眾離開投票所之後依舊一目了然。投票貼紙在在提醒著人們今天是投票日，別人去投票了，你也應該去囉。

巧用購物袋、贈品與按讚

行為痕跡存在於每一種產品、創意或理念中。蒂芙尼（Tiffany）、維多利亞的祕密（Victoria's Secret）與其他眾多零售商都會提供手提購物袋，讓顧客可以把血拚成果帶回家。由於某些品牌會讓人覺得可以展現社交身價，所以很多消費者不但不會把購物袋丟棄，反而一再重複使用。民眾把維多利亞的祕密提供的購物袋拿來裝運動服，把中餐放在蒂芙尼的袋子；或是用布魯明黛百貨（Bloomingdale）知名的中型咖啡色購物袋，裝著資料文件在市區裡趴趴走。有人甚至把餐廳、折扣商店和其他不能顯示社會身分地位的袋子，也拿來重複使用。

服飾零售業者露露檸檬（Lululemon）的做法更高明，他們不是把紙袋做得更耐用，而是採用耐用的塑膠材質，製作出讓人難以捨棄的購物袋，就像環保購物袋一樣。顯然，這些袋子就是要給消費者重複使用的，所以，人們會用這些購物袋裝進採購的雜貨或是其他東西。就在攜帶購物袋的路途上，這個行為痕跡有助展現對該品牌的社會認同。

贈品也可以提供行為痕跡。前往任何研討會、工作徵才活動或大型商會，只要有參展單位設置攤位的場合，就會發現他們大力放送的贈品多到令人瞠目結舌。馬克杯、原子筆和T恤。保溫杯、彈力球和除冰刮刀。兩年前，華頓商學院甚至給了我一條領帶。

不過，有些贈品提供的行為痕跡效果優於其他贈品。送一個化妝包是不錯，可是女性通常是在住家浴室這些私人空間化妝，所以這項贈品無法讓品牌曝光。咖啡杯和運動休閒袋的使用頻率也許不是那麼頻繁，可是使用起來的曝光效果會更好。

網友在網路上分享個人意見與動態，也提供了行為痕跡。評論、部落格或其他格式的內容，通通留下了日後可供他人發掘的蹤跡。基於這個理由，諸多企業與組織鼓勵大家在他們的臉書粉絲專頁上按「讚」。只要簡單按個「讚」，人們不僅公開了他們對一個產品、創意或理念、組織的喜愛，更是昭告天下有樣東西很棒，或是值得多加關注。《ABC新聞》發現加了這些線上按鈕之後，它的臉書流量提高了二五〇%。

有些網站則會自動張貼網友們的動態在他們的社群網頁上。音樂一向是某種社交活動，但是Spotify將這個功能升級，它的系統可以讓你收聽任何你喜歡的歌，同時也會把你正在聽什麼歌張貼在你的臉書網頁上，讓你的好友更容易看見你的喜好（也讓他們認識Spotify）。其他很多網站也採取相同做法。

不過，應該讓所有事情都公諸大眾嗎？有沒有發生過因為曝光後，反而造成不良後果的實例呢？

反毒廣告適得其反

一位輕盈的黑髮少女走下公寓住處樓梯，脖子上戴著一條美麗的銀項鍊，手上拿著一件毛線衣，看起來應該是正準備出門上班，或是要和朋友碰面喝咖啡。突然有一位鄰居打開門小聲說道：「我有大麻可以給妳抽。」

「不！」女孩眉頭深鎖，然後急忙下樓。

有位稚嫩的小男孩坐在外面，穿著藍色長袖運動衫，頂著一頭以前小男生流行的西瓜皮。他看起來整個人沉迷在電玩裡，這時有個聲音打斷了他。「古柯鹼？」這個聲音問道，「不要，謝了。」小男孩答道。

一個年輕男子站著靠在牆邊，嘴裡嚼著口香糖。「呦，兄弟，要來顆搖頭丸嗎？」有個聲音提議道，「想都別想！」男子駁斥，並回瞪了他一眼。

從眾心理作祟

「向毒品說不」（Just Say No）是最知名的反毒運動之一，在雷根總統任內由前第一夫人南西．雷根（Nancy Reagan）發起，是一九八〇和九〇年代美國政府鼓勵青少年遠離毒品誘惑，致力推行的公益宣導政策中重要的一環。其中的邏輯很簡單：無論如何，孩子都會受到引誘問他們要不要吸毒，那些人可能是他們的朋友、陌生人或其他任何人；而他們必須懂得如何說不。因此政府投入幾百萬美元推行反毒公益廣告，希望這些廣告可以教導孩子遇到這種情況時知道如何反應，進而最終可以達到減少青少年濫用毒品的問題。

近期的反毒運動，也都是秉持著相同的理念。一九九八至二〇〇四年間，國會撥款近十億美元投入「全美青少年反毒媒體運動」（National Youth Anti-Drug Media Campaign），目標是希望教育十二至十八歲的青少年，讓他們可以拒絕毒品。

傳播學者鮑伯·霍尼克（Bob Hornik）教授想檢驗反毒廣告是不是真的有效，因此，他在反毒廣告播出期間收集了上千名青少年吸毒的資料，他問這些孩子有沒有看到廣告，以及有沒有抽過大麻，藉此瞭解反毒宣導活動是不是真的有助減少青少年抽大麻。

答案是沒有。

事實上，這些廣告訊息好像反而讓吸毒人口增加了。年齡在十二歲半至十八歲的青少年看了這些廣告後，實際上更有可能去抽大麻。為什麼？

因為廣告增加了吸毒的曝光率。

讓我們從曝光與社會認同的角度來思索。在看見廣告之前，有些孩子也許從未想過要吸毒，也許有些曾經興起吸毒的念頭，但始終戒慎恐懼就怕做錯事。

然而，反毒廣告往往也同時說出了兩件事。**它們說毒品有害，但也說了其他人在吸毒。**但是，如同本章一再指出的：當愈多人似乎都在做同一件事，我們愈有可能認為那麼做是對的，是正常的，所以我們也應該起而效尤才對。

想像你是個十五歲的孩子，沒有一丁點吸毒的念頭，有天下午你坐在家裡看卡通，電視上播出了一段反毒廣告告訴你吸毒有哪些危險，還會有人問你想不想試試看，而你必須堅定地說不，或者更糟的是那些想引誘你吸毒的人，正是學校裡表現良好的同儕，可是你又不應該說好。

你從未看過有哪個公益廣告的宗旨，是為了避免你的手被鋸子切掉，或不被公車撞上，所以如果政府花錢花時間告訴你吸毒的事情，就表示一定有很多你的同儕都在吸毒，對嗎？他們有些顯然是學校裡表現最棒的孩子，而你完全不知道！

誠如霍尼克所言：

我們的基本假設是，有愈多孩子看到這些廣告，他們愈會相信有很多孩子都在抽大麻，而他們愈是相信其他孩子在抽大麻，他們愈會想要自己抽看看。

強調「應該怎麼做」

如同許多強大的工具，訴諸更多曝光的做法如果沒有妥善應用，很可能會發生擦槍走火的意外後果。所以如果你不希望人們去做某件事，就不要跟他們說他們的同儕很多都在做那件事。

以音樂產業為例，業界人士認為可藉由讓大眾看到問題有多嚴重來阻止非法下載，所以在音樂協會網站上義憤填膺地警告大眾，「美國消費者取得的音樂中，只有三七％付費」，而且過去幾年來，「非法下載的歌曲高達三百億首」。

可是，我不確定那樣直言不諱有沒有達到他們想要的效果。如果有，可能也是反效果。只有半數不到的人付費下載音樂？哇！看來，如果你花錢下載音樂就成了冤大頭，不是嗎？即使有些情況是大多數人都在做對的事，可是把少數人的錯誤行為公諸大眾，很可能適得其反，反而鼓勵更多人以身試法。

想要防止一種行為，必須反其道而行，而不是公諸於世。

其中一個做法是，反過來強調民眾應該怎麼做。心理學家席爾迪尼（Bob Cialdini）與同事們希望可以減少人們偷盜亞利桑那州石化森林國家公園（Petrified Forest National Park）石化木的行為。於是，他們在國家公園四周貼出根據不同策略設計的告示牌，有一個是要求民眾不要拿走石化木，因為「過去有太多遊客把石化木從公園搬走，改變了石化森林的自然生態」。結果是，由於這則訊息提供了「別人都在偷盜」的社會認同事實，反而讓情況更加惡化，盜木人數幾乎驟增為兩倍！

反之，強調人們該怎麼做的效果則好太多了。在前往公園的其他小徑上，他們貼出不同於上述的告示牌，上頭寫著：「請不要搬走公園的石化木，讓我們保護石化森林的自然生態。」藉由強調盜木的負面後果，而不是強調別人在做什麼事，公園管理單位終於得以減少盜木情事。

據說，當人們可以隨心所欲做自己喜歡的事，他們通常會相互模仿。我們會向他人尋求資訊，看看在某種情況下怎麼做才是對的、有幫助的，而這種社會認同的影響範圍之廣，從我們購買什麼產品到我們投票給哪位候選人，通通在列。

誠如前文所述，「有樣學樣」這句話道盡了人們從眾的傾向。如果人們看不到別人在做什麼，也就無從模仿了。所以為了讓產品、創意或理念更受歡迎，就必須提高它們的曝光率。以蘋果來說，他們不過就是把商標反貼這麼簡單而已；而藉由聰明地利用八字鬍，十一鬍子月基金會也吸引了大眾的注意力，並募得更多捐款。

因此，我們必須像Hotmail和蘋果一樣，設計可以自我廣告的產品。我們必須像露檸檬和堅強活下去基金會一樣，製造行為痕跡，使得人們即使用了我們的產品，或響應我們的理念之後，仍然有具體可見的證據隨時提醒他們。我們必須把私密行為公開。要壯大，就要被看見。

注釋

1 心理學家提出了「多數的無知」（pluralistic ignorance）來探究這個問題。多數的無知意指在一個團體中，大多數人私下排斥一種常態（如酗酒），但卻誤以為其他人認同的情況，部分原因是他們看得到別人的行為，卻看不到他們內心的想法。

2 這就是餐廳領班通常會將最早上門的幾位顧客安排坐在餐廳前方靠窗位置的原因。說個好笑的祕辛：我一直以為紐約某家餐廳生意興隆，因為餐廳外面的長凳上總是坐滿了人，我以為那些人坐在那裡是等著用餐，直到後來我才明白，他們會坐在那裡也許只是因為那地方很方便，可以讓他們休息個幾分鐘。

3 對於那些原本忌諱談論的私密議題，化私密為公開尤其重要。以網路交友為例，許多人都曾嘗試過，但是在我們的文化裡，卻仍然莫名飽受指責。部分原因是大家不知道許多人都有網路交友的經驗。網路交友是相當私密的行為，如果相關業者想要助長其風行，就必須想辦法讓大眾知道究竟有多少網路交友人口。同樣的問題也出現在其他領域裡，威爾鋼業者便發明了ＥＤ這個字眼（Erectile Dysfunction，勃起功能障礙），讓人們可以更自在地談論這個一度私密的話題。許多大學都推行了「同性戀穿牛仔褲日」的活動，以促進對ＬＧＢＴ協會的認識與討論。

4 很多因素造就了「堅強活下去」手環的成功。手環只要一塊美金，使得民眾很容易就可以支持這場義賣活動，即使不確定要不要加入募款行列也沒問題。再說，手環也真的很方便配戴。不像乳癌防治絲帶必須別在不同衣服上，「堅強活下去」手環可以隨時戴著，你可以戴上一整天，晚上睡覺可以戴著，甚至洗澡時也可以戴著，永遠不需要拿下來，否則就得牢記把它放到哪裡去了。不過手環的顏色也扮演了重要的角色，如同我們先前所述。

5

實用價值

Practical Value

研究人員發現，一件特價商品以金額或折扣標示看起來更優惠的關鍵，在於原始價格的高低。要找出哪種降價標示方法看起來更加優惠，一個簡單方法是利用所謂的「一百法則」。

如果商品價格少於100美元，那麼一百法則會告訴你，採取折扣標示會更有利。如果商品價錢超過100美元，特價金額看起來會大得多。

有用很重要

如果你必須挑個人製作一支廣為流傳或點閱的影片，肯恩．克雷格（Ken Craig）可能不會是你的首選。大部分熱門影片都是由青少年操刀。某個人在摩托車上大耍瘋狂特技，或是把卡通人物剪輯成看起來就像在大跳饒舌歌的影片，這些全是青少年喜歡的。

八十六歲老翁創造五百萬人次點閱率

可是，肯恩．克雷格八十六歲了。他被大量點閱的影片內容是什麼？跟剝玉米葉有關。

肯恩出生於奧克蘭荷馬州一處農場，有四個兄弟姊妹，家中生計都跟棉花種植息息相關。在棉花田旁邊，他們開闢了一個菜園種植蔬果，供應全家所需食物，其中一項就是玉米。肯恩吃玉米的日子從一九二〇年代就開始了，什麼樣的玉米食物他都吃過，從玉米碎片、玉米濃湯到玉米餅和玉米沙拉，形形色色。整根玉米直接拿起來啃是他最喜歡的一種吃法，既新鮮又美味。

如果你啃過整根玉米，就會知道有兩個問題。除了玉米粒會卡牙縫，還有那些像細線的惱人東西（稱為玉米鬚）似乎總是卡在玉米粒間。要把葉殼剝掉只要用力拉扯幾下就可以輕易做到，可是那些玉米鬚好像一輩子要緊巴著玉米粒不放似的。你可以磨搓整根玉米，或是用夾子小心地把它們挑起來等各種你喜歡的方法將玉米鬚除淨，可是不管你怎麼努力，似乎總會有那麼一兩條玉米鬚卡在玉米粒間，怎麼樣都弄不掉。

這時，就是肯恩大顯身手的時候了。

跟大多數八十六歲老翁一樣，肯恩根本不上網。他沒有部落格、沒有YouTube帳號，或任何線上註冊身分。事實上，他至今也就只拍了那麼一段YouTube影片，絕無僅有。

幾年前，肯恩的媳婦來家裡幫他煮晚餐，就在幾道主菜差不多都煮好，可以開飯的時候，她跟肯恩說可以把玉米葉殼剝掉了。好的，肯恩回答她，可是讓我表演一點小小的特技給妳看。

他拿了幾根帶穗的生玉米，把它們丟進微波爐裡。每一根玉米四分鐘。微波好之後，他拿菜刀將玉米底部切掉約半英寸，然後抓起頂部的葉殼快速搖了幾下，接著啪的一聲葉殼掉落，整根玉米乾淨溜溜，沒有半條玉米鬚殘留在裡面。

肯恩的媳婦覺得太有意思了，她說應該拍一段影片寄給她在南韓教英文的女兒。所以，隔天她就在肯恩的廚房裡拍了一段簡單的短片，請肯恩將他怎麼把整根玉米的雜鬚清得一乾二淨的小撇步娓娓道來。為了讓女兒更容易觀賞，她把影片上傳到YouTube，同時還寄給了幾個朋友。

然後，那些朋友又把影片轉寄給其他朋友，那些人又寄給了更多朋友。沒多久，肯恩的「玉米鬚去除法」（Clean Ears Everytime）影片就名滿天下了，才幾個月便累積超過了五百萬人次點閱率。

但是，不像大多數熱門影片讓年輕人為之瘋狂，這段影片吸引的觀眾剛好相反。點閱這類影片的主要族群為五十五歲以上的長者，如果這個族群有更多上網人口，這支影片也許會流傳得更快。

人們為什麼會分享這段影片？

山林間暢談吸塵器

幾年前，我跟弟弟到北卡羅萊納州登山健行，那年他被醫學院的課業壓得快要窒息，我在工作上也需要休息喘口氣。於是我們在羅利—杜罕（Raleigh-Durham）會合後便往西驅馳而去，經過了以天藍色為代表色的北卡大學教堂山分校（Chapel Hill），經過了曾經以菸草著稱的溫斯頓—賽倫市（Winston-Salem），一路挺進西陲的藍脊山脈（Blue Ridge Mountains）。隔天我們起了個大早，打包好當天要吃的食物便啟程出發，沿著山脊蜿蜒小徑健行，逐步攻頂。

人們登山健行為的是擺脫世俗的一切，逃離城市的喧囂擾攘，讓自己沉浸於大自然的懷抱中，沒有招牌、沒有汽車、沒有廣告，天地之間只有自己與大自然。

但是那天我們走在山林之間，遇到了一件最詭異的事。當我們走到某個下坡彎處時，正好有一群山友走在前頭，我們在他們後頭走了約一兩分鐘後，出於強烈的好奇心，他們之間的對話讓我心癢難耐，想聽得更清楚。我以為他們也許是在閒聊美好的天氣，或是我們剛剛好不容易征服的險坡。可是，我錯了。他們談的是吸塵器，你來我往地討論著某款吸塵器是不是物超所值，還是其他機款的功能也大同小異。

吸塵器？有成千上萬個話題可以作為這些健行山友們的談資，像是要在哪兒停下吃午餐，還有他們剛剛才經過的六十英尺高湍急瀑布，甚至是政治啊。可是，怎麼會是吸塵器？

實用資訊助人益己

若以本書截至目前為止所討論到的幾個原則來分析，我們很難解釋肯恩．克雷格的玉米影片為什麼會被大量點閱；若用它們來解釋這群山友閒聊的話題為什麼是吸塵器，更是難上加難。他們所談的不是什麼不可思議的驚奇事物，所以社交身價在這裡不會起太大作用。同理，雖然在家中，甚或在都市裡，隱藏著很多吸塵器的暗示，但在這個群樹環繞的山林裡，實在沒有多少東西可以「觸發」吸塵器的念頭。最後，儘管有支很成功的廣告已經找到如何讓吸塵器喚起觀眾更強烈的「情緒」，可是那些人基本上聊的並不是單一種，而是各種不同的吸塵器有哪些功能。那麼，究竟是什麼因素驅使這群山友談論吸塵器？

答案很簡單。**人們喜歡把具有實用價值的資訊傳遞出去，讓別人也知道。**

相較於觸發物或隱密酒吧「祕密基地」，實用價值也許不是什麼新穎或吸引人的概念，甚至有人說那是理所當然的，或本該如此，但那並不表示實用價值不重要。著名作家暨《國家評論》（*National Review*）主編威廉・巴克利（William F. Buckley Jr.）被問到會帶哪本書去荒島的時候，他的回答很直接──「造船方面的書」。

有用的東西很重要。

此外，肯恩的玉米影片或是山友討論吸塵器的故事也證明，人們不只看重有用資訊，還會與他人分享。具實用價值有助產品、創意或理念的散播流行。

人們會分享具實用價值的資訊幫助別人，無論是要讓朋友多省點時間，或是讓同事下次去超商時能省下幾塊錢，具實用價值的資訊都能幫上忙。

這麼說來，分享具實用價值的內容，猶如現代版的「興建穀倉」。穀倉不僅龐大且所費不貲，很少家庭能獨立負擔或自行組合興建。所以在十八、十九世紀時，社區裡的左鄰右舍會集合起來幫某個家庭搭建穀倉。所有人都會貢獻一己之力與時間，共同幫助有需要的鄰居。下一次，周遭鄰人又會再次合力為另一個家庭搭建另一個穀倉。這是早期「讓愛傳出去」的概念與做法。

時至今日，這種直接幫助別人的機會愈來愈少，人與人的互助更是少之又少。現代都會生活讓人們與朋友、鄰居的距離愈來愈遠，直接開著車子進出住家車庫或搭乘電梯上下公寓各樓層，通常少有機會認識左鄰右舍或社區其他住戶。很多人還因為工作或求學需要離開家鄉，與關係最親密的人面對面接觸的機會也相對減少了。建築包商已經取代昔日的社區互助式穀倉興建做法。

但是，與人分享實用資訊卻是一種簡單又快速的方法，幫助別人解決問題，即使我們和對方分隔兩地；父母親與子女相隔千里，還是可以給兒女忠告。分享有用的資訊，也可以增進人際關係，如果我們知道朋友特別熱衷於烹飪，轉寄食譜給他們可以增進彼此的友誼，這麼做可以讓朋友知道，我們瞭解而且關心他們；至於我們，也會很高興自己能幫助朋友。因為分享，得以讓友誼更加穩固。

如果說社交身價關係著資訊發送者和他們的面子，那麼實用價值多半為的是資訊接收者。實用價值是為了幫別人節省時間或金錢，抑或讓他們能體驗美好事物。當然，分享具實用價值的資訊對分享者也有一些好處，除了幫助別人感受良好，也會讓人對分享者留下良好印象，稍微增進其社交身價。不過，讓我們回歸這個議題的核心，分享具實用價值的資訊是為了幫助別人。我在〈情緒〉那一章說過，當我們在乎時，我們就會分享。反之亦然：分享意謂我們在意。

分享有用資訊也可以是提供意見。哪種退休規劃最便宜，哪位政治人物可以平衡預算拚經濟，哪種藥可以治療感冒，哪種蔬菜富含最多β胡蘿蔔素。想想你上次必須蒐羅資訊才能做出最後決定的時候，你應該至少問過一個人的意見，看看他們有什麼建議；他們或是跟你分享個人看法，或是轉寄了一個有助你解決問題的網站。

那麼一項事物究竟必須具有多少實用價值，才能被傳播出去呢？

為什麼二百五十美元比二百四十美元更划算？

大多數人思考實用價值時，最先想到的就是要省錢。以低於原價的價格買到商品，或是用同樣價錢買到更多東西。像酷朋（Groupon）和社群生活（LivingSocial）這些團購網站建立的商業模式，大多是提供消費者各種折扣商品，從修腳趾甲到飛行課程通通都有。

人們是否分享促銷訊息的最主要驅力之一，是這些促銷商品看起來是否真的「物超所值」。如果我們看到一件超划算的促銷商品，忍不住就會跟人談論它，或者向我們認為有需要的人透露這個好消息。如果促銷商品看起來還好，我們就會默不吭聲。那麼，促銷商品看起來是不是物超所值的決定要素為何？

想也知道，折扣幅度會影響人們判斷促銷商品到底有多物超所值。例如，省下一百元比省下一塊錢更容易讓人興奮，省下五〇％也比省下一〇％更容易讓人興奮。你不必是腦部外科醫生也知道，任誰都喜歡（而且會告訴別人）享有折扣多，而非折扣少的優惠。

其實，沒那麼簡單。思考下面這個例子，你會採取哪項做法：

狀況Ａ：想像你在商店裡找來找去，想買個新的烤肉架。你找到一個韋柏Q320烤肉架看起來還不錯，而且開心地發現它正在做特價促銷，原價三百五十美元的烤肉架現在只要兩百五十美元。

你會買下這個烤肉架，還是開車去其他店找別的烤肉架？琢磨一下你的答案。想好了？好，那我們來把這個狀況再說一遍，但是換一家店。

狀況Ｂ：想像你在商店裡找來找去，想買個新的烤肉架。你找到一個韋柏牌Q320烤肉架看起來還不錯，而且開心地發現它正在做特價促銷，原價兩百五十五美元的烤肉架現在只要兩百四十美元。

這種情況下你會怎麼做？你會買下這個烤肉架，還是開車去別家店找其他烤肉架？直到你有答案了之後，再繼續讀下去。

如果你和大多數人一樣，那麼狀況Ａ看起來應該還不錯。一個烤肉架少了一百美元，而且是你喜歡的款式？似乎挺划算的。你的答案大概會是你就買了，不會再到別處找了。

不過，狀況Ｂ看起來可能就沒那麼好了。畢竟，只少了十五美元，和狀況Ａ的優惠根本沒得比。你的答案大概會是你不會買這個烤肉架，而是會到別處繼續找找看。

上述兩種假設狀況，我各問過一百個人，發現結果很接近。被問到狀況Ａ的人七五％說，會當場買下、不會再去別的地方找；而被問到狀況Ｂ的人只有二二％的人說，他們會買那個烤肉架。

這完全合理，除非你仔細思索兩家店標示的特價金額。兩家店賣的是一模一樣的烤肉架，照理說，不管是誰應該都會買售價低的（狀況Ｂ）。可是，並沒有。事實上，結果恰好相反。有更多人說他們會購買狀況Ａ的烤肉架，即使他們必須支付較高的價錢（兩百五十美元，而不是兩百四十美元），怎麼會這樣？

特價心理學

二〇〇二年十二月的某個寒冷冬日，丹尼爾．康納曼（Daniel Kahneman）走上瑞典斯德哥爾摩大學（Stockholm University）的會場講台發表演說，台下聽眾全是瑞典外交官、達官政要和一些全球最傑出的學者。康納曼演說的主題為「有限理性」（bounded rationality），這是一種關於本能判斷與選擇的新觀點。他曾發表相關演說多年，不過這場不太一樣，這位新科諾貝爾經濟學獎得主正在發表得獎演說。

諾貝爾獎是全球最負盛名的獎項之一，是頒給那些對其學術領域做出卓越前瞻洞見貢獻的研究學者。例如，愛因斯坦因其在理論物理學上的研究獲獎；華生（James Watson）與克里克（Francis Crick）則因其在DNA結構的研究而獲獎。在經濟學獎方面，諾貝爾獎是頒發給對於促進經濟思維影響深遠的經濟學家。

可是，康納曼並不是經濟學家。他是一位心理學家。

康納曼與阿莫斯・特沃斯基（Amos Tversky）兩人稱之為「期望理論」（prospect theory，或譯前景理論）的研究，為他們贏得了諾貝爾獎的肯定。該理論涵蓋範圍廣泛，但其核心只有一個簡單概念：人們在做決定時往往有違公認的經濟學假設，亦即我們不一定會根據理性與最佳選擇做出判斷與決定。反之，人們的判斷與決定是基於他們如何感知與處理資訊的心理原則。感知過程會影響我們看一件毛衣是不是紅色，或是地平線上的東西是不是距離遙遠。我們在看一個價錢高不高或是一項特價品好不好，也會受到心理感知的影響。康納曼與特沃斯基的研究加上理查・塞勒（Richard Thaler）的理論，就是我們今日所謂「行為經濟學」最早的研究先驅之一。

評價來自於比較

期望理論的主要論點之一是，人們並非根據絕對條件來評價事物，而是相對於比較標準或「參考點」而來。一杯五十美分的咖啡，不僅僅只是拿出五十美分買杯咖啡這麼簡單。這個價錢看起來是否合理，會因個人期望不同而異。如果你住在紐約，一杯五十美分的咖啡似乎滿便宜的，你會覺得很幸運，而且樂得天天報到，甚至還會昭告朋友。

如果你住在印度的窮鄉僻壤，也許就會認為五十美分實在貴得令人咋舌，你連做夢都不敢想，所以根本不會去買。如果你會跟朋友說什麼，想必也是抱怨這個價錢貴得離譜吧。

如果你跟一位七、八十歲的人去看電影或去商店購物，也會碰到類似情形。他們往往會抱怨價錢太貴了。「什麼？」他們驚叫道，「我絕對不會付十一塊美金買一張電影票。這根本是搶錢！」

看起來好像老人家比我們其他人都小氣，不過更根本的原因是他們覺得價錢太不合理。他們的參考值不一樣。他們記得一張電影票五十美分和一客牛排九十五美分，牙膏二十九美分和紙巾十美分的昔日歲月。因為基於這樣的標準，他們今天看到任何東西的價錢都不可能覺得合理，每件東西的售價似乎都比他們記憶中高出許多，所以他們才會拒絕付錢。

參考值可用來解釋我們前面討論到的烤肉架例子。人們是以自己預期購買一樣東西會花多少錢來作為參考值，所以當烤肉架從三百五十美元降價為二百五十美元特價時，看起來就是比從二百五十五美元降價為二百四十美元划算，即使兩個烤肉架根本是一樣的東西。

電視購物便深知箇中三昧。

「神奇刀鋒菜刀」可以讓你用一輩子！看看它們如何驚人地切開鳳梨、汽水罐，甚至銅板！你可能以為要一百甚至兩百美元才買得到這樣一組菜刀，可是現在這組不可思議的菜刀只要三九．九九美元！

聽起來很耳熟嗎？大多數電視購物都是利用這個手法，讓他們推出的每樣商品聽起來都好得不可思議。藉由提到一百或兩百美元的定價，讓電視機前的消費者心理產生一種預期售價，電視購物也就設定了一個高標參考值；因此當最後的成交價是三九．九九美元時，聽起來就像是超值優惠，買到就賺到了。

這也是為什麼連在特價商品上，零售商也會同時標示出「一般」售價或廠商標準零售價的原因。他們希望消費者利用這些標價作為參考值，讓折扣價看起來更物超所值。消費者一心想撿便宜，結果就像烤肉架例子所示，有時反而買貴了。

參考值也能以「量」制約消費者的反應。

可是等等，還有更好康的！如果現在打電話進來，我們就送你一組同款菜刀，完全免費！沒錯，多一組，價錢不變。而且還附贈一個好用的磨刀器，不再多收你一毛錢！

這時候，電視購物是利用參考數量來提高誘惑。你預期付三九・九九美元可以買到一組「神奇刀鋒菜刀」，但現在可以額外多買到一組，還加贈一個磨刀器，卻只要相同價錢。除了價格低於你的預期（這是電視購物業者原先就設計好的），額外的各種優惠讓這個特價商品聽起來更是好到不行。

特價的效用可以發揮到多大？行銷學家艾瑞克・安德森（Eric Anderson）和鄧肯・席梅斯特（Duncan Simester）希望可以找出答案，所以，幾年前他們和某家郵購公司合作，將服飾型錄郵寄給全美各地的家庭。想想看美國知名的賓恩（L.L. Bean）、史匹歌（Spiegel）或海角（Lands' End）這些型錄上的服飾品牌標示的都是原價，不過有時候型錄上會有幾項主打商品的售價低於定價。可想而知，這往往可以提高銷售量。消費者喜歡少付一點錢，所以，比定價便宜會讓商品更有賣相，刺激消費者的購買欲望。

不過，安德森與席梅斯特還有一個疑問。他們想知道消費者是否心知肚明，只要祭出「特價」兩字就可以提高銷售量。

為了求證這個可能性，安德森與席梅斯特製作了兩份不一樣的型錄，分別寄給五萬多人。其中一份型錄裡，有些商品（就說是洋裝好了）被標示為「過季特價商品」；在另一份型錄裡，同樣的洋裝則沒有特價標示。

想當然耳，標示特價的商品需求量增加，整整提高了五〇%之多。弔詭的是那些洋裝的售價在兩份目錄上完全一樣。所以在標示價格旁邊加上「特價」字樣，即使實際售價與另一份型錄上的同類商品相同，依然可以提高銷售量。

有感度遞減

期望理論的另一個論點是所謂的「有感度遞減」（diminishing sensitivity）。想像你打算買一台新的定時收音機。你來到了屬意的店家挑選，發現售價是三十五美元。有位店員告訴你，同樣的商品在另一家分店只要二十五美元。那家店在車程二十分鐘遠的地方，而且店員跟你保證那裡一定有貨。

你會怎麼做？你會在第一家店買定時收音機，還是開車去第二家店？

如果你和大多數人一樣，你大概會去另外那家店。畢竟，只要開一小段路，你就可以省下三〇％的錢，買到那台定時收音機。聽起來好像連想都不用想就知道該怎麼做。

但是，再想想另一個類似的情形。想像你打算買一台新電視。你到了屬意的店家，發現售價是六百五十美元。有位店員告訴你同樣的商品在另一家分店只要六百四十美元，那家店在車程二十分鐘遠的地方，店員也跟你保證那裡一定有貨。

在這種情形下你會怎麼做？為了少花十美元買台電視，你會願意開二十分鐘的車嗎？

如果你和大多數人一樣，這次你大概會說不。為什麼要為了省下那區區十塊錢，開二十分鐘的車？說不定你花的油資都比買那台電視省下的錢還多。事實上，當我把兩種情況分別向一百個人提問時，有八七％的人說他們會在第一家店買電視，只有一七％的人的答案和買定時收音機一樣，選擇後者。

不過，仔細思考後，你會發現這兩種情況基本上是一樣的。為了省下十美元，二者都必須開二十分鐘的車，所以消費者為了省錢買東西而開車的意願應該相同才對。

然而，結果並非如此。儘管幾乎所有人都願意開車去買更便宜的定時收音機，但是幾乎沒有人願意為了買電視而這樣做。為什麼？

有感度遞減所反映的概念是：相同的變量在參考值遞增的時候，效應反而遞減。想像你在辦公室或孩子學校附近買了張樂透，你對於中獎並未抱太大期待，可是你意外對中了十美元。運氣真好！不論多寡，只要中獎都好，所以你可能還是非常開心。

現在，想像你中的是二十美元。你大概會更高興了。不過無論哪種情況，你大概都還不至於會興奮到做出後空翻，可是中二十美元就是比只中十美元感覺好太多了。

好，現在我們一樣拿樂透和對中十美元獎金來看，然後把中獎金額提高一點，想像你中的是一百二十而不是一百一十美元，甚或是更高的一千零二十，而不是一千零一十美元。突然間，這多出的十美元似乎就無關緊要了。不管是中一百二十美元或一百一十美元，你大概感覺都差不多；如果你對中的是一千零二十美元，而不是一千零一十美元，你可能根本沒注意到。一樣都是多中了十美元獎金，當參考值從槓龜的零元開始遞增，衝擊卻是遞減的。

有感度遞減可用來解釋為什麼人們願意為了省點錢開車去買收音機，因為收音機便宜多了，所以當折扣從三十五美元降為二十五美元，便看似非常划算。然而，電視雖然也有十美元的折扣，但是看起來就沒那麼划算了，因為一台電視的價格遠高於一部收音機。

強調「物超所值」

強調優惠特價物超所值到令人不可置信，似乎更吸引人。我們在〈社交身價〉一章提過，愈是不可思議的事情愈容易被人拿出來談論。市面上滿坑滿谷層出不窮的特價優惠，如果每次在賣場裡看到一罐雞湯降價十美分就跟人說這個「好」消息，大概沒有人會再跟我們做朋友了。超值優惠必須在價格戰中脫穎而出，才會被分享出去。

如期望理論所示，**強調物超所值的關鍵就是超乎人們預期**。優惠商品看起來愈超乎人們的想像或不合常情，消息愈容易被散播出去。這可以是商品本身真的物超所值（例如**折扣**下殺到令人難以置信），也可能是整個**交易模式**設計得讓消費者覺得物超所值。

另一個影響優惠商品看起來是否物超所值的要素是：**取得性**。不論哪種形式的逆向操作，只要讓商品愈不易取得，效果愈好。就像在〈社交身價〉一章提過的祕密基地酒吧和璐拉拉一樣，設限的稀有性和獨享性會讓東西看起來更有價值。

從時間或頻率方面來說，雖然特價很吸引人，可是如果一件商品經常在特價，大家就會開始調整自己的期望標準。「原價」不再是他們的參考值，他們的標準值會變成「正常價格」（regular price）。最好的例子就是地毯店總是打出三折的優惠價，結果大眾開始明白其實「特價」才是正常價格，當然也就不會把特價視為一種優惠了。同理，濫用「特價」這個字眼也會產生反效果。雖然註明某件商品特價可以提高需求，但一家店裡有太多商品都標示著「特價」兩個字，反而會導致買氣不增反降。

不過，**限時**特價似乎更有吸引力，因為折扣商品有限。就像設計讓商品變得稀有一樣，當優惠不是隨時都有，消費者就會覺得那肯定是超值好康。

限量，也有相同作用。零售商有時會推出限量特價商品給特定顧客：「一戶限購一份」或「每人限購三件」。你也許會以為這種限制會讓消費者買不到想買的東西，因而減損需求量。事實上，恰好相反，限量反而讓商品看起來更物超所值。「哇，如果我只能買到一個，那肯定是這個優惠太好康了，所以店家才會擔心會賣到沒貨。我最好趕快買一個！」的確，研究發現推出限量商品可以提高多達五〇％的銷量。

限人可以享有超值優惠的效果甚至更好。有些優惠是來者不拒，有求必應。GAP貨架上比較便宜的卡其褲，任何人都能走進店內購買；或是地方酒吧每天的「歡樂時段」招待，所有顧客都能享有。不過，有些優惠卻是量身打造，或只限某些特定顧客群。飯店有針對忠誠會員推出「獨享」住宿優惠，餐廳也有正式開幕前敬邀親友或特定顧客用餐的「試營運」（soft opening）。

這些看似專屬的特殊優惠，不僅可以提高顧客的社交身價，促使他們更樂於跟人分享，還可以讓優惠本身顯得更好。如同限量與限時的作用，非人人可得的事實就能讓促銷優惠顯得更加珍貴，這樣做可以提高它的實用價值，進而增加分享。

一百法則

另一個影響實用價值的因素，是**特價商品的促銷表現方式。**有些優惠是以折扣金額表示（例如降價五美元或五十美元），有些優惠是以折扣表示（例如九五折或五折）。促銷以折扣金額或成數標示，是否會影響消費者對於優惠好壞的判斷呢？

例如，一件二十五美元的T恤降價二〇％，可以標示為「打八折」或「降價五美元」。哪種降價優惠的標示方式看起來更吸引人呢？

或是，想想一台兩千美元的筆電。一台兩千美元的筆電降價一〇％可標示為「打九折」或「降價兩百美元」。某一種降價的標示方式，會讓優惠看起來比另一種更物超所值嗎？

研究人員發現，一件特價商品以金額或折扣標示看起來更優惠的關鍵，在於**原始價格的高低**。對書籍或日常用品等低價商品來說，以折扣表示看起來會更加優惠。一件二十五美元的T恤以「打八折」表示，會比「降價五美元」看起來便宜多了；可是對高價商品來說，剛好相反。像筆電或其他昂貴標價的東西，優惠以降價金額（而非折扣）表示，看起來會便宜許多。筆電標示為「降價兩百美元」看起來比「打九折」更划算。

則」。

要找出哪種降價標示方法看起來更加優惠，一個簡單的方法就是利用所謂的「一百法則」。

如果商品價格少於一百美元，那麼一百法則會告訴你，採取折扣標示會更有利。對三十美元的T恤或十五美元的門票而言，即使降價三美元仍是一個相對小的數字，可是用折扣來表示（九折或八折），同樣的折扣優惠看起來就大多了。

如果商品價格超過一百美元，情況完全反過來，特價金額看起來會大得多。以七百五十美元的套裝旅遊或兩千美元的筆電為例，九折的標示可能看起來是相對小的數字，但若改以金額表示（七十五美元或兩百美元），數字馬上就變大許多。

所以，在決定如何讓促銷商品看起來更物超所值時，就可以採用一百法則。仔細想想你的商品價格是落在一百美元以上還是以下，以及如果採用折扣金額或折扣標示，是否會讓優惠看起來更具吸引力。

讓實用價值被看見

最後一個關於促銷商品的重點是：**實用價值若能更容易被看見，成效會更好。**以大家在賣場或美妝藥局可以拿到的會員卡為例，這些會員卡當然很有用，除了可以省下消費者的荷包，累積到一定的消費金額還能兌換免費贈品。可是，這些會員卡有個問題：它們的實用價值不容易被人們看見。

我們知道自己總共省了多少錢的唯一資訊，是隱藏在一張同時列有五、六樣其他價錢資訊的統一發票上頭，加上我們都不會把發票拿給別人看，因此除了持卡者本人之外，實在不太可能會有其他人看見我們到底省下了多少錢。自然，也就不太可能讓這個資訊被更多人知道了。

可是，如果店家讓實用價值更容易被看見呢？他們可以在收銀台加設一個顯示螢幕，讓其他在排隊的人看到結帳的人省了多少錢；或是每當有人省下超過二十五美元，就按鈴告知。這麼做會發生兩件事，第一，人們會更清楚自己使用這張卡片省下了多少錢，進而鼓勵他們將這些商店的實用價值口耳相傳出去。這也呼應了我們在〈曝光〉一章所述：看不見的東西很難讓人去談論它。

金錢不是唯一的實用價值

我很不擅投資。市場有太多選擇、每天上沖下洗、劇烈震盪，還要承受巨大風險。我寧願把錢放在紙箱裡藏在床下，也不想拿去做基金投資，到頭來把錢賠掉。我記得自己第一次買股票時，根本沒有做任何研究，就直接選了兩、三支看起來可以做長期投資的績優股，打算就那樣放著不管。

可是，在好奇心的驅使下，我幾乎每天都會查看每支股票的表現。今天漲了一美元？哇！大賺。隔天跌了三十五美分，如何？絕望透頂到興起以後絕對不再投資的念頭。

不用說，我需要協助。所以，到了提撥薪水至我的四〇一（k）退休帳戶時，我選了一些安全性高的指數股票型基金。

沒多久，我的退休福利計畫管理公司「先鋒」（Vanguard）就寄了封簡短的電子郵件給我，詢問我願不願意訂閱他們每個月的電子報「投資大哉問」（MoneyWhys）。跟大多數人一樣，能不去訂閱新的電郵項目，我就不訂閱，可是這東西好像滿有用的。提供現學現用的報稅祕訣，答覆一些常見的投資問題，還回答了（或者至少提供了意見）金錢究竟買不買得到真正的幸福這個大哉問。我訂了電子報。

現在，先鋒每個月會寄一次電子郵件，簡短地提供一些關於財務管理的實用資訊，這個月是教屋主瞭解保險涵蓋的內容，下個月是使用家中電腦追蹤個人財務狀況的要訣。

老實說，先鋒寄來的電子報（抱歉，先鋒公司），我不是每封都看。不過，我轉寄了很多我確實讀過的電子報給我認為會倍感受用的親朋好友。我寄了一篇關於屋主保險的文章給一位剛買屋的同事，我轉寄了一篇關於追蹤個人財務狀況的內容給一位想開源節流的朋友。先鋒非常貼心地把其專業知識精簡為一份簡明、扎實的實用資訊，它的實用價值讓我將這份好東西傳遞出去，這麼做的同時，我也幫先鋒與其投資專業做了口碑。

實用資訊廣傳的關鍵

有用的資訊可說是另一種形式的實用價值：幫助別人做他們想做的事，或鼓勵別人去做他們該做的事，讓他們做得更快、更好，也更輕鬆。

如同我們在〈情緒〉一章中所討論的，我們從《紐約時報》熱門轉寄排行榜中發現，關於健康醫療與教育的新聞最常被讀者轉寄，食譜與未來的人氣餐廳評論也是高度被分享的文章，原因之一便是這類文章都提供了有用資訊。健康醫療類提供了聽力受損的治療與照顧之道，以及提升中年人心理健康的方法；教育類有針對青少年而寫的實用課程學習計畫文章，以及大學申請程序等等。與人分享這類內容可以讓他們享受到更好的飲食、生活和學習。

看看過去幾個月你寄出或別人轉寄給你的電郵內容，便能看出箇中玄機。關於《消費者報告》評比最佳防曬乳品牌報導、運動後迅速恢復體力的方法，或是萬聖節前關於南瓜雕刻設計的技巧等等，全是有用資訊。實用的建議，就是可被分享的建議。

為什麼某些實用內容會更常被分享出去？有幾點值得我們思考與探討。**關鍵一，是資訊的包裝方式。**先鋒基金的電子報並非長達四整頁的一大篇內容，把二十五種建議連結全部附上，並一次教給你十五種不同主題；而是短短一頁的內容，包括一篇主題文章和下方三至四個主要連結而已。讀者很容易看到重點是什麼，如果想更深入瞭解，只需點選提供的連結即可。《紐約時報》與其他網站上許多被瘋狂傳閱的文章也有類似的架構，如減肥的五種方法、新年的十個約會技巧等等。下次在超市排隊結帳時，看看架上的雜誌，你會發現同樣的概念也被運用在雜誌封面上，只有圍繞一個關鍵主題的幾個簡短標題而已。

有一家化妝品業者為出差的商業人士製作了一個很好用的iPhone應用軟體，除了提供當地天氣資訊，還針對當地氣候提供專業的護膚建議，濕度、雨況和空氣品質會影響人的髮質與皮膚，這個軟體便告訴使用者正確的因應之道。這項實用資訊不僅對使用者有實質幫助，也展現了這家公司在該領域的知識與專業。

關鍵二，是受眾。有些商店或資訊擁有更廣大的愛好者。至少在美國，有更多人是隨著職業美式足球賽而不是水球比賽轉播起舞；同樣地，你的朋友中應該有更多人喜歡美式餐廳而不是歐式餐廳。

你可能會認為，擁有愈多廣大愛好者的內容愈有可能被分享，足球賽新聞會比水球賽新聞被更多人分享，新開幕的美式餐廳評論會比新開幕的歐式餐廳評論被更多人轉寄。畢竟，人們有更多朋友可以分享足球和美式餐廳的文章，所以最後應該會轉寄到更多人手中，不是嗎？

可是，這個假設有個問題：只因為人們可以跟更多人分享，並不表示他們真會這樣做。事實上，愈小眾的內容愈有可能被分享，因為它會喚起人們想起某位朋友或親人，激起他們迫切地想把文章轉寄給那位親友。也許你有很多朋友喜歡美式食物或足球，但是正因為有這麼多人對這類東西感興趣，所以當你看到相關內容時，反而不會強烈地聯想到特定的某個人。相反地，也許你只有一個朋友喜歡歐式餐廳或水球，可是當你讀到相關文章時，馬上就會想到這位朋友，加上這篇內容看起來簡直是為她量身打造，所以你覺得非跟她分享不可。

因此，雖然與廣泛大眾相關的內容能夠被更多人分享，但是與特定小眾明顯相關的內容，其實反而更可能被傳播出去。

好心也會傳播不實資訊

你也許聽過施打疫苗會引起氣喘。如果有，那麼你不是唯一的一個。一九九八年，某篇發表在醫學期刊上的論文提出，施打痲疹、腮腺炎和風疹疫苗可能引起兒童氣喘。相關健康醫療新聞散播的速度極快，尤其是與孩子健康相關的內容，所以很快地就有很多民眾在談論疫苗可能的壞處。結果，導致兒童施打疫苗率下降。

如果疫苗與氣喘之間有關聯的事實為真的話，這一切風風雨雨倒也無妨。但真相並非如此，事實上，並沒有科學證據顯示疫苗會引起氣喘。最後的真相是，最初的論文根本是一場騙局，那位身為醫生的始作俑者因為利益衝突而提出偽證，在被認定嚴重違反專業道德行為之後，已被禁止再繼續執業行醫。然而即使這項資訊不實，還是有很多人把它分享出去了。

至於原因，就是實用價值。民眾無意散播不實謠言，只是聽到了他們認為有用的資訊，希望可以保護其他孩子的安全。但很多人並不知道最初的報導已經被證實有誤，所以繼續分享錯誤的論述內容。人們渴望分享有用之物的力量如此強大，以至於甚至可能助長不正確的觀念。有時候，人們想幫助人的念頭被用錯了地方。

所以下次有人告訴你一個神奇療法，或警告你某種食物或行為有危害健康之虞，請你在把資訊分享出去之前，先盡量確認內容是否屬實。錯誤資訊可以和事實真相一樣快速傳播。

實用價值為的是幫助他人。本章旨在探討價值背後的機制與特價的交易心理，但也別忘了，為什麼人們會分享那類資訊的起因也很重要。人們喜歡幫助別人，我們自發性地想給人建議，或是把有益他們的資訊寄給他們。沒錯，這當中有部分原因是出於私心，我們自認為做得對，所以忍不住自以為是地去指點別人的生活。但絕大部分並非為了利己而做，而是為了利他：人性本善。我們關心別人，而且想讓他們的生活變得更好。

本書所探討的六大感染力原則中，實用價值可能是最容易應用的。

有些產品、創意或理念已經具有高度社交身價，但是要讓調理機短片產生社交身價是需要花一番功夫的，必須投入諸多心力與創意。想出如何創造觸發物，也需要花一番心思，激發情緒亦然。可是，要找出實用價值並不難，幾乎每一種想像得到的產品、創意或理念都有其可用之處，無論是幫人省錢、讓人更快樂、改善健康狀況，或是幫人節省時間，凡此種種都是你可用的新聞。所以，請想想為什麼人們最初會被我們的產品、創意或理念吸引而來，如此我們便能更瞭解產品等的基本實用價值。

比較困難的部分，是想辦法在強敵環伺下突破重圍。各地有很多「好的」餐廳，網路上有很多「有用」的網站，所以我們必須想辦法讓產品、創意或理念脫穎而出。我們必須強調自家產品物超所值，並採用「一百法則」。我們必須學習先鋒基金，將我們的知識與專業整合包裝，讓人們在散播訊息時可以認識我們。我們必須清楚無誤地讓人們知道，為什麼我們的產品、創意或理念大有用處，促使他們非得口耳相傳不可。

6

故事

Stories

在談天對話中缺乏相關觸發話題時，人們需要提起某項資訊的一個理由，而好故事就提供了這樣的理由。

我們應該如何利用故事來引起人們談論呢？

我們必須打造自己的特洛伊木馬，一個讓人們在分享故事的同時，也談論到我們的產品、創意或理念的工具。

這場戰爭持續了十年之久，仍然沒有結束的跡象。根據傳說，奧德修斯策劃了一個兵不厭詐的計畫，要終結這場沒有結果的長期抗戰。希臘人打造了一匹巨無霸木馬，在裡頭藏匿了他們最優秀的戰士，其他同袍則紛紛撤退假裝回歸祖國，將這匹雄偉木馬留在沙灘上。

特洛伊人發現了這匹木馬，把它拖回特洛伊城作為勝利的象徵。他們將繩子套在這頭巨獸的脖子上，然後數十名壯丁將巨大滾木放在木馬身軀下方，慢慢把它從沙灘上拉回去。其他人則負責將城門放平，讓這匹木馬巨獸可以被拉進城牆內。

木馬一進城，特洛伊人便開始慶祝長達十年戰爭的結束。他們以花草樹木布置神廟，將獻祭的酒甕抬出地窖，唱歌跳舞、把酒狂歡，慶祝苦難終結。

但是那天夜裡，當全城上下醉得不省人事的良機一到，希臘人便從藏匿的木馬中蜂擁而出。他們緩緩垂降至地面，再神不知鬼不覺地移動至護城牆，敞開巨大城門。其餘希臘軍隊在夜色掩護下紛至沓來，很快地與他們完成會合，然後全軍大搖大擺地踏入他們多年來怎麼也攻不下的那座城門。

特洛伊城撐過了十年的戰役，卻不堪從內作亂的突擊。希臘人直搗黃龍，一舉摧毀整座城，徹底終結了特洛伊戰爭。

特洛伊木馬屠城記的故事流傳了數千年。科學家與歷史學家推測這場戰爭發生於西元前一一七〇年，但直到許多年後，這個故事才被記錄成文；在此之前的數百年時間，這個傳說只能藉由史詩、口述或說唱代代口耳相傳下來。

這個故事仿若現代版的實境秀，充滿了曲折離奇，情節環繞著恩怨、婚外情和騙局。透過高潮迭起的劇情、浪漫愛情和動作戲，緊緊抓住聽眾的心。

不過，特洛伊木馬屠城記故事還隱藏著一個訊息：小心送禮的希臘人。說白了就是絕對不要信任你的敵人，就算他們看起來很友善也一樣。事實上，正是當他們表現出這種友好姿態的時候，你更要心存戒慎。所以特洛伊木馬屠城記不僅是一個精采的故事，還教給了世人一個重要的教訓。

不過，如果古希臘詩人荷馬（Homer）或維吉爾（Virgil）只是想教給世人一個教訓，難道不可以用更有效率的方法嗎？難道不能直接點出重點，而不是寫一個長達數千行的史詩故事嗎？

當然行。不過，果真如此，這個教訓還能發揮同等的影響力嗎？大概不行。

藉由寓教於故事，這些早期作者得以確保這個教訓能夠傳遞給世人，甚至比直截了當的說教更讓人深信不疑。當人們沉浸於故事本身時，相關資訊也搭上便車傳遞了出去。

以故事作為傳遞工具

故事是最原始的娛樂形式。想像你是西元前一千年的希臘人民，當時沒有網際網路、體育台或晚間新聞，也沒有收音機或報紙。因此，如果你想要來點娛樂，故事就成了唯一的方式。《特洛伊木馬》、《奧德賽》和其他著名故事就是當時的娛樂，民眾會圍坐在火堆旁或是坐在劇院裡，一遍又一遍聽著這些史詩敘述。

如今有上千種可以選擇的娛樂方式，可是人類愛說故事的天性依舊不息。我們圍聚在營火旁，現在則是在飲水機旁或三五好友聚會時說著故事，內容也許是關於我們自身，或最近發生在我們身上的點點滴滴，抑或是關於朋友和其他認識的人等等的一些事情。

人們說故事的理由，與口耳相傳的理由如出一轍。有些是因為社交身價，像是人們述說穿過電話亭可以進入「祕密基地」酒吧的故事，是為了讓自己看起來很酷又懂門道。其他說故事的動力則來自（高激發）情緒，像人們述說「這會被攪碎嗎？」影片的故事，是因為他們對於一台調理機竟然能攪碎玻璃彈珠或iPhone大感驚異。實用價值也扮演了其中一個角色，人們分享鄰居的狗在吃了某種咀嚼玩具後生病的故事，是因為他們希望你養的狗不要發生相同的不幸。

我們實在是太習慣說故事了，即使沒必要還是會用故事敘述。以網路評論為例，評論應該是關於產品特色，如一台新的數位相機功能如何、伸縮鏡頭是不是如廠商所宣稱的一樣棒等等。可是，這些資訊內容往往被隱藏在一個故事背景之中。

去年六月我兒子剛滿八歲，我們打算第一次帶他去迪士尼樂園玩。由於需要一台數位相機來捕捉這趟旅行經驗，所以在朋友的建議下買了這台相機。它的伸縮鏡頭太棒了，即使從很遠的地方，我們也可以輕易地清楚捕捉到灰姑娘的畫面。

我們已經習慣說故事，即使只要一個簡單的評比或評論就能講清楚說明白，我們還是會這樣做。

寓教於故事中

然而就跟特洛伊木馬一樣，故事有比其表面更深層的意涵。沒錯，故事的外在——我們可稱之為表面情節——會抓住聽眾的注意力，並且讓人聽得興味盎然；但只要洞穿這層表面，往往可以找到隱藏其中的東西。在男女主角苦戀故事和偉大英雄的背後，通常要傳達的是更重要的東西。

故事負有使命，也許是一個教訓或寓言，也許是一則資訊或訊息。以「三隻小豬」這個家喻戶曉的故事為例，三兄弟離家為各自前途打拚。豬大哥和豬二哥用最快的速度草草蓋好各自的草屋和木屋，剩下來的一整天就可以在外遊蕩玩耍；豬小弟則比兩位哥哥更自律，他不疾不徐地用磚塊盡心打造自己的房子，即使哥哥們就在一旁玩樂也無法影響他。

有天夜裡，一個壞心腸的大野狼前來覓食。他來到豬大哥家說出每個孩子都琅琅上口的這句話：「小豬，小豬，讓我進去。」被豬大哥拒絕之後，大野狼大口吹倒了他的房子；大野狼對豬二哥的木屋也如法炮製。但當大野狼還想用同一招對付豬小弟的房子時，卻行不通了。他深吸一口氣，然後用力一吹，卻沒有吹倒豬小弟的房子，因為那是磚造的屋子。

這就是故事的寓意：努力就會有收穫。盡心盡力把事情做到最好，你也許無法立即苦盡甘來，但最後你會發現一切都是值得的。

教訓或道德意涵也隱含在其他許許多多童話、寓言和都會傳奇故事中。「放羊的孩子」警告我們說謊的危險，「灰姑娘」彰顯善有善報，莎士比亞戲劇裡探討性格與關係、權利與瘋狂、愛與戰爭都寓含珍貴教訓。這些都是難以言喻的複雜教訓，但卻深具啟發性。

傳遞實用資訊的有用媒介

我們每日聊天談及的平凡無奇故事中，也承載著資訊。以我堂弟跟「海角」服飾買外套的故事為例。

幾年前，他從加州搬到東岸，為了準備過他第一個真正的冬天，他去了一家高檔百貨公司買了件質料上等的輕便大衣。那是男性常穿在西裝外頭的一款中長度毛料大衣，剪裁合身，顏色亦無可挑剔；穿上它，我的堂弟覺得自己就像個風度翩翩的英國紳士。

只有一個問題：外套不夠暖和。當室外溫度在華氏五十幾度，甚至四十幾度時還挺保暖的，可是一旦降到三十幾度，寒氣就會滲透外套鑽進他的骨頭裡。

經過了一個帥氣好看、但每天上班路上寒風徹骨的冬天後，他決定是該買件貨真價實的冬季外套了，他甚至決定一不做二不休，打算買件百分百的鵝絨外套，那種看起來好像把睡袋穿上身的外套。這種外套在東岸和中西部隨處可見，但在加州從未見人穿過。所以他上網搜尋，最後在海角服飾找到了一件價廉物美的羽絨外套，標示耐寒度可達華氏負三十度，足以應付東岸最寒冷的冬天。

我的堂弟真的很喜歡這件外套，而且外套真的超級保暖。可是冬季才過了一半，外套拉鍊就壞了，把整個內襯都扯開。他沮喪極了，他的外套才買不到幾個月就壞了，送修要花多少錢？而且要等多久才能修好拿回來？當時是一月中旬，沒穿冬季外套要在外頭走動，實在不是好主意。

所以，堂弟打電話給海角，詢問修拉鍊的費用，以及需要多久時間才能修好。

他已經做好心理準備，會聽到他習以為常的客服人員冰冷回答。反正都是顧客的錯，所以客服人員總是說很抱歉產品損壞或服務不周，可惜那並不是我們的問題，這個問題不在保固範圍之內，或是你的使用方式不對，可是我們很樂意替你修好它，但收費是產品價錢的兩倍，或是我們可以派人到府檢查，只要你可以抽出三個鐘頭待在家裡不上班，不過我們不保證維修人員一定會準時出現。喔，還有，品牌顧問寫的腳本提醒我們要告訴您，我們真的非常感謝您的惠顧。

但大出他的意料之外，海角的客服人員說了完全不同的話。「修理？」她說，「這是我們的錯，我們會郵寄一件全新的給您。」「這要多少錢？」堂弟緊張地問道。「是免費的，」她回覆說，「而且我們會以快遞寄出，兩天內送達，讓您免受等候之苦。這個冬天實在是太冷了，外套壞掉怎麼出得了門。」

如果產品一壞掉，就馬上免費寄給你一件全新的，怎麼樣？哇！在這個永遠是顧客的錯的年代裡，這種事幾乎聞所未聞；不可思議的客戶服務。這才是客服啊！海角的服務實在是太令堂弟印象深刻了，他忍不住要跟我分享事情的經過。

我堂弟的經驗可以說成一段很棒的故事，可是當你仔細一看，在上述敘述中也隱含了許多有用資訊：（一）輕便大衣雖然好看，可是保暖度不足以抵抗東岸冷冽的冬天；（二）羽絨外套讓人看起來像個木乃伊，可是如果你想保暖，就很值得你買一件；（三）海角服飾的外套真的很保暖；（四）海角也有絕佳的客戶服務；（五）外套有什麼地方壞掉，海角都會把它修好。僅僅四、五個知識訊息，就足以編成一段引人入勝的簡單故事。

別人告訴我們的大部分故事也是如此。我們怎麼避開塞車，或怎麼利用乾洗劑清除白襯衫上的油漬，使它亮麗如新，這些故事都潛藏著有用資訊。如果高速公路塞車，有一條替代道路；如果要去除頑固油漬，有一種好用的乾洗劑。

所以，故事可以作為傳遞工具，成為將資訊帶給其他人的有用媒介。

透過故事學習，快又簡單

故事是文化學習的重要來源，而文化學習有助於我們瞭解這個世界。在高層次方面，這種學習可以是關於一個群體或社會的規範與標準，例如，何謂好員工？何謂有道德的人？或者在一個較基本的層次上：當地有哪位修車技師技術一流，而且不會被坑錢？

先不說故事，想想人們可以獲取這個資訊的其他方法。不斷嘗試也許可行，但都會非常花錢又費時。想像一下，為了找到一位正派修車技師，你必須開車去市內二十四個不同的修車廠，每個地方都讓車子試修一遍，那豈不累死人（還貴得要命）。

另一種方法，採取直接觀察，可是，這也很難。你必須討好各家修車廠的技師，說服他們讓你觀察他們的工作狀況，並告訴你他們的收費標準。想想看這樣做會容易到哪裡去。

最後一招，從廣告取得資訊。但廣告並非全都可信，而且人們一般都對這類勸說意圖保持懷疑態度。大部分修車技師的廣告都說自己價錢合理且技術一流，可是未經實際查證，很難確定他們所言是否屬實。

故事可以解決這個問題。它們提供了快又簡單的方法，讓人們可以透過生動有趣的方式獲取諸多資訊。一個關於技師修好車子不收費的好故事，其價值等同於對數十位不同技師的觀察和多年的不斷試誤。故事可以節省時間與麻煩，用容易被記得的方式提供人們所需的資訊。

你可以把故事想成是透過類推來提供「證據」。我沒有辦法確定如果我跟海角服飾買東西，會不會跟我堂弟一樣得到絕佳的客戶服務。然而，只因為類似的事情發生在跟我相似的人身上的事實，就會讓我覺得自己也很可能和他一樣幸運。如果他們對我堂弟那麼友善，我和堂弟又如此相似，我猜他們應該也會這樣對我。

相較於廣告的信誓旦旦，人們對於故事比較不會有太大抗拒。海角的代言人可以告訴我們說，他們有絕佳的客戶服務，但如同我們稍早所討論的，由於他們試圖說動我們購買他們的產品，所以比較難讓人相信他們；個人的故事則比較不會引起爭議。首先，我們很難對發生在某人身上的特定經歷表示異議。人家會跟我堂弟說什麼？「不，我認為你在說謊，海角絕對不可能那麼友善。」不太會吧。此外，我們太入迷地聽著某某人發生了什麼事，根本沒有多餘心思可以讓我們提出反對。我們完全沉迷於故事的情節敘述中，以至於沒有心思去質疑所說的內容。到最後，我們被說服的可能性大多了。

只吃潛艇堡甩肉二百四十五磅

人們不喜歡自己像個活動廣告。潛艇堡三明治（Subway Sandwich）連鎖速食店提供七種低脂口味，但沒有人會只為了透露這個資訊就跑去跟朋友說。這樣做不只奇怪，根本就離譜到家。的確，如果有人正在減肥，這個資訊極具實用價值，可是，除非減肥是談話主題，或是有情境觸發人們想到減肥的方法，否則人們不太會講起這件事。所以，潛艇堡三明治有各種低脂口味選擇的事實，有可能不是那麼常被人提起。傑德（Jared Fogle）的故事正好相反。

傑德・福戈爾靠著吃潛艇堡減重了兩百四十五磅。不良飲食習慣加上缺乏運動，導致傑德在大學時體重像吹氣球般飆升到四百二十五磅。他胖到在學校選課時考慮的不是自己喜不喜歡那門學科，而是教室有沒有夠大的椅子讓他可以坐得舒服些。不過，在室友指出他的健康愈來愈差之後，傑德決定採取行動。所以，他展開了一項「潛艇堡減肥餐」計畫：他幾乎每天吃一英尺（三〇．四八公分）長的蔬菜潛艇堡當午餐，半英尺長的火雞肉潛艇堡當晚餐。吃了三個月這種自我實行的減肥餐之後，他的體重減少了將近一百磅。但他並沒有就此打住，傑德繼續吃著他的減肥餐。很快地，他的褲子就從巨大尺碼六十英寸減少至正常尺碼三十四英寸。他成功甩掉肥肉，而且還讓潛艇堡速食店向他致謝。

傑德這個故事實在是太有意思了，所以即使人們不是在聊減肥也會提起。他減掉的體重令人印象深刻，但更驚人的是他靠吃潛艇堡減肥的事實。一個傢伙靠著吃速食甩肉兩百四十五磅？光是這個結論就足以把人吸引進來了。

這個故事會被大眾分享的幾個理由，都是我們前幾章討論過的。它很不可思議（社交身價），讓人大為驚異（情緒），而且提供健康速食的有用資訊（實用價值）。

儘管人們談論傑德並不是想幫潛艇堡打廣告，但潛艇堡速食店還是連帶受益了，因為它是故事敘述中的一部分。聽眾認識了傑德這個人，在聽故事的同時也認識了潛艇堡速食店。他們知道：（一）潛艇堡雖然就像速食，實際上卻提供了不少真正健康的口味選擇；（二）健康到有人可以吃了之後減肥成功；（三）甩掉一身肥肉。而且，（四）有人可以吃潛艇堡吃了快三個月，還繼續回來吃更多，可見滿好吃的。聽故事的人知道了關於潛艇堡的這一切，即使大家是因為傑德這個人，才跟別人說這個故事。

這就是故事的神奇之處：**資訊在看似閒談聊天的偽裝下，四處流傳。**

打造你的特洛伊木馬

因此，故事給了人們一個簡單方法，來談論產品、創意或理念。潛艇堡也許有低脂口味，海角服飾也許有絕佳的客戶服務，但是在談天對話中缺乏相關觸發話題時，人們需要有提起某項資訊的一個理由，而好故事就提供了這樣的理由。好故事提供了一層心理保護，讓人們在談論產品、創意或理念時，不會像在廣告推銷。

所以，我們應該如何利用故事來引起人們談論呢？

我們必須打造自己的特洛伊木馬，一個讓人們在分享故事的同時，也談論到我們的產品、創意或理念的工具。

「難怪我們對美的觀念被扭曲！」

提姆．派柏（Tim Piper）沒有姊妹，讀的也是男校，所以他一直搞不懂他的那些女朋友們怎麼會有那麼多「愛美問題」。她們老擔心自己的頭髮太直、眼珠顏色太淺，或膚色不夠白淨透亮。派柏實在搞不懂，因為在他看來，她們都夠美的了。

但是在訪談過數十位女生之後，派柏開始明白媒體是這一切的罪魁禍首。廣告和媒體普遍灌輸年輕女孩說她們每個人都有缺陷，必須怎樣遮掩和修飾。被這些訊息洗腦幾年之後，女孩們開始信以為真。

如何才能幫助這些女孩明白廣告都是造假的？那些畫面並不是反映真實的她們？

有一晚他的女朋友在化妝準備出門，他才幡然頓悟。他知道那些女孩們必須看見人工雕琢「之前」的模特兒——沒有化妝、做髮型、電腦修圖這一大堆人為加工，好讓她們看起來「完美無瑕」。

所以，他製作了一支短片。

史蒂芬妮盯著攝影機，向拍攝小組點頭示意她已經準備好可以開拍了。她是漂亮沒錯，但不是會讓她在人群中令人眼睛為之一亮的那種漂亮。她的頭髮是暗金色、髮質毛躁而且相當平直；她的膚質不錯，但還是可以在某些地方看到一些雀斑。她看起來就像是你身邊的任何人，可能是你的鄰居、你的朋友或你的女兒。

一道強光亮了起來，拍攝工作開始展開。觀眾可以看到，化妝師把史蒂芬妮的眼睛抹上深色眼影，在她的雙唇塗上光澤唇膏；他們在她的皮膚上搽上粉底，然後在她的雙頰刷上腮紅；他們幫她修了眉，貼上假睫毛；他們把她的頭髮上捲、做造型、染色。

然後，攝影師帶著他的專業相機現身。他從各種角度拍了幾十組照片，還打開風扇讓她的頭髮如同被自然風吹過般蓬鬆。史蒂芬妮對著鏡頭微笑的笑容和眼神變得更誘人。最後，攝影師拍了張得意之作。

但是，拍攝完美照片只是開始。接下來是電腦修片，史蒂芬妮的影像被輸入電腦，然後就在我們眼前開始一點一點變形。她的嘴唇變得更豐滿，她的脖子變得更細更修長，她的眼睛變得更大，她的耳朵變得更緊貼也更小巧。這些還只是數十項改造工程中的幾個部分而已。

你現在瞧見的是一位超級模特兒的沙龍照。當攝影鏡頭慢慢拉遠，你可以看到這張沙龍照已經被放在化妝品廣告看板上。鏡頭畫面慢慢變暗，出現了小小的白色字體寫著：「難怪我們對美的觀念被扭曲！」

哇！這是一支很震撼的短片。猶如醍醐灌頂般，大眾發現原來在美容產業幕後真正的運作竟是如此這般。

不過，除了成為人們閒聊家常的最佳話題之外，這支短片也成了厲害的特洛伊木馬。

「演變」創造了一個高情緒性故事

一般大眾媒體（尤其是美容產業）總是描繪出一幅扭曲的女性形象。模特兒身材通常又高又瘦，雜誌上刊登的女性照片都擁有冰清玉潔的膚質和亮白完美的牙齒；廣告大聲疾呼他們的產品可以將妳改造得更美麗動人，讓妳擁有凍齡的臉龐、豐潤的雙唇，以及吹彈可破的肌膚。

可想而知，這些訊息對於女性如何看待自己，產生多麼巨大的負面影響。僅有二％女性描述自己是美麗的；有超過三分之二女性相信媒體設定了一個不切實際的完美標準，她們不論多麼努力也永遠達不到。這種達不到完美標準的感覺，甚至對年輕女孩造成了影響，深髮色的女孩希望自己能擁有一頭金髮，紅髮女孩則憎恨自己臉上的雀斑。

派柏的影片取名為「演變」（Evolution），讓我們一窺日日轟炸我們的影像的幕後製作真相。它提醒了世人這些令人驚艷的女人並不真實，她們是從平凡人改造而成的幻象，是虛幻不實的，是靠著數位編輯軟體的神乎奇技，捏造出來的虛像。這支影片赤裸裸地揭露了驚人真相，為美容產業投下一顆震撼彈。

不過，這支影片並不是由關心問題的公民或監督產業的團體所贊助，派柏是和保健美容產品製造商多芬（Dove）合作拍攝。

這支影片是多芬「真即是美」（Real Beauty）的形象廣告系列之一，該活動致力於歌頌人類天生各形各色的體型，激勵女性對自己要有信心並接納自我。活動的另一支沐浴皂廣告是以高矮胖瘦各種身材的真實女性為主角，不再是大眾習以為常的纖瘦模特兒。

可想而知，這個形象廣告活動引發了熱烈討論。何謂美麗？媒體是如何形塑這些美麗的觀念？這個廣告活動製造的不僅僅是爭議性話題。除了讓問題「曝光」，給了人們談論原本為私密話題的藉口之外，也讓人們想起、談論多芬。

因為找來「真人」模特兒拍廣告大受好評，多芬讓許多人探討這個複雜卻重要的議題。「演變」這支影片只花了十多萬美元拍攝，卻創造了一千六百萬人次的點閱率，並為多芬製造曝光機會，賺進了數億美元。「演變」不僅贏得多項產業大獎，而且讓公司網站流量比其二〇〇六年超級盃足球賽廣告帶動的流量，足足多了三倍，更讓多芬坐收兩位數的銷售成長。

「演變」這支影片之所以被廣為流傳，是因為多芬披露了一件人們已經想要討論的事情——不實際的美麗標準。這是一個高度情緒性議題，但爭議性太大，以致人們可能反而不敢提。「演變」把問題攤在陽光下，讓人們一吐心中委屈並思考解決之道，於此同時，品牌也受益匪淺。多芬開啟關於美麗標準的話題，讓人們紛紛加入討論行列；但是，品牌也暗藏在這些討論之中。

人們並不打算談論多芬，他們想分享情緒、與人互動，但藉由創造一個情緒性的故事，多芬創造了一個順便搭載自家品牌的工具。

說到這兒，我們應該來說說羅恩．班西蒙（Ron Bensimhon）的故事。

創造有價值的傳播

二〇〇四年八月十六日，加拿大男子羅恩．班西蒙小心翼翼地褪去暖身的褲子，步上三公尺長的跳板邊緣。他以前從這個高度跳水過很多次，但從未在這麼重要的場合跳過。這是雅典奧運，是世界運動的最高舞台，也是最頂尖運動員的競爭。然而，羅恩似乎並未慌了手腳，他拋開忐忑不安，將雙手高舉過頭，當觀眾們歡聲雷動時，他從跳板邊緣一躍而下，完成了胸腹正面落水動作。

胸腹落水？在奧運？羅恩肯定臉都綠了。但當他浮出水面時，看起來很平靜，甚至是開心的。他在水中來回游了一兩分鐘，向觀眾做出誇張的動作表演，然後慢慢游到泳池邊。在那裡等著他的，是一整排荷槍實彈的奧運官員和維安人員。

羅恩闖進了奧運會場。他不是加拿大游泳代表隊的成員，事實上，他根本不是一位奧運選手。他是全球自稱最有名的「裸奔者」，而他私闖奧運其實是商業宣傳花招的一部分。

「泳池的傻瓜」——轟動卻失敗的行銷宣傳

羅恩從高空跳板上一躍而下時，並沒有裸著身子，但也沒有穿泳褲。他套了一件藍色芭蕾舞短裙和白色圓點緊身褲，而且他胸前印有一家線上賭場的網址「GoldenPalace.com」。

這已經不是這家線上賭場第一次利用宣傳花招來吸引目光。二〇〇四年，它在eBay以兩萬八千美元競標一塊據傳出現聖母瑪利亞像的炙烤乳酪三明治；二〇〇五年，它付了一萬五千美元給一名女子，將她的名字改成GoldenPalace.com。不過，這個被班西蒙稱為「泳池的傻瓜」的宣傳花招，卻是玩最大的一次。數百萬人都親眼目睹了整起事件，並且被世界各地新聞拿來報導，掀起了軒然大波，鬧得人盡皆知。有人闖入奧運會場，而且穿著芭蕾舞短裙從高空跳下落入泳池？真是精采的故事，非常不可思議。

但是日子一天天過去，人們並沒有談到那個線上賭場。沒錯，有些看到班西蒙跳水的民眾是上過該網站一探究竟，但絕大多數分享這個故事的人談的都是宣傳花招，並不是網站。他們談的是這個插曲是否造成中國跳水選手在事件發生後立刻進行最後一跳時，心情受影響而與金牌失之交臂；他們談的是奧運的安檢，怎麼會讓一個人在如此重要的大型賽事中，這麼容易就溜了進去；他們談的是班西蒙的刑罰，以及他最後會不會被判入獄服刑。

為什麼人們不談那個線上賭場？

行銷專家說，「泳池的傻瓜」是有史以來游擊行銷最大的敗筆。通常，他們嘲諷它破壞比賽，毀了選手為此訓練多年的關鍵一刻；他們也指責它導致班西蒙遭到逮捕與罰鍰。這些通通是跳水花招之所以失敗的好理由。

不過，我想再加上另一個理由：**這個宣傳花招與要推銷的產品一點關係都沒有。**

是啊，人們談論了那個跳水花招，但他們並沒有談到那個賭場。圓點緊身褲、芭蕾舞短裙，加上闖進奧運會場從高空跳進泳池，通通都是絕佳的故事題材，所以引發人們熱烈討論。因此，如果它的目的是要讓人們多思考奧運的保安問題，或是吸引人們注意新款的緊身褲，那麼這個宣傳花招就成功了。

不過，它跟賭場一點關係都沒有，完全沾不上邊。所以人們談論了一個轟動的故事卻遺漏了賭場，因為它和故事沒有關係。他們也許提過班西蒙是由某某人贊助，但還是不會提到賭場，因為那並不會讓故事更精采。這就像打造了一座了不起的特洛伊木馬，卻忘了把任何東西放進去一樣。

溜直排輪的嬰兒與礦泉水何干？

在試圖製造話題的時候，人們經常忘了一個重點。他們太過專注於吸引人們討論，以至於忽略了真正的關鍵——**人們究竟在討論什麼。**

創造的內容和要推銷的產品、創意或理念無關，問題就在這裡。人們談論「內容」，與人們談論創造內容的「公司、組織或個人」，這兩者的差別可大了。

法國依雲（Evian）礦泉水著名的「溜冰寶寶」（Roller Babies）廣告也有相同的問題。廣告中出現穿著尿布的嬰兒在直排輪上做出特技動作，他們跳過彼此、躍過籬笆，所有動作跟〈饒舌歌手的喜悅〉（Rappers Delight）這首饒舌歌的旋律同時播出，畫面與音樂配合得天衣無縫。嬰兒的身體顯然是動畫，但他們的臉蛋都是真人，使得這支廣告看起來就是一部很傑出的作品。影片的點閱率超過五千萬人次，而且金氏紀錄公布它是有史以來最多人瀏覽的線上廣告。

不過，你也許以為引起這樣的注意應該讓品牌受益良多，其實不然。同一年，依雲礦泉水失去了市場占有率，而且銷售業績跌了將近二五％。

問題出在哪裡？溜直排輪的嬰兒是很可愛，但是他們跟依雲礦泉水無法聯想在一起。所以人們會分享影片，但品牌卻未跟著受惠。

讓產品融入故事

因此，關鍵是不只要讓內容得以傳播出去，還要對發起公司或組織有價值可言。不只傳出去，還要**傳播得有價值**。

以我們在本書一開始提過的，巴克利餐廳推出一百美元乳酪牛排三明治為例。相較於跳舞寶寶和瓶裝水，頂級的乳酪牛排三明治和一家奢華高檔牛排餐廳顯然比較有關聯。而且這東西不只是一種宣傳花招，也是巴克利餐廳菜單上確實有的選項。再者，它的訴求直接道出了業主希望顧客對餐廳菜色保有的印象——品質好又用料實在，格調高又具有創意。

當品牌或產品利益融入故事中，傳播才具有最大價值。只要品牌或產品與故事敘述緊密交織在一起，人們在說故事時也就沒辦法不提到它。

熊貓乳酪——永遠不要對熊貓說不

關於有價值的傳播，我最喜歡的一個實際例子是生產各種乳酪品的埃及公司「熊貓」（Panda）。

它的電視廣告一開始都是無聊的內容：員工在談論中午要吃什麼，或是護士在巡視病房。其中一支廣告的情境是一對父子在賣場裡採購。「爸，我們買點熊貓乳酪吧。」兒子在他們經過乳製品貨架時問道。「夠了！」父親答道，「我們推車上的東西夠多了。」

然後熊貓出現了，呃，其實是穿著熊貓裝的人。這滑稽可笑的一幕實在無法用言語形容。對，有隻大熊貓會這麼突然冒出來站在賣場中央，或是辦公室，或是診所。在賣場情境的廣告片中，父子倆目瞪口呆地盯著那隻大熊貓。當巴弟・哈利（Buddy Holly）的歌聲響起，這對父子看看貨架上的「熊貓」乳酪，又看看那隻熊貓。看過來看過去，然後爸爸用力吞了一大口口水。

接著，就是一陣翻天覆地。熊貓緩步走向購物推車，若無其事地把兩隻手放在推車兩邊，然後把它翻倒。食物四散在走道上——義大利麵、罐頭和果汁散落遍地。雙方對峙僵持不下，這對父子仍然站在推車另一頭。時間就這樣靜止不動。然後，熊貓對翻倒的食物踢了幾腳，而且還補了一句：「永遠不要對熊貓說不。」接著，是一隻熊貓手掌拿著產品出現幾秒鐘的畫面。

這支電視廣告（和其他類似的影片）緊湊又爆笑。我拿給每個人看，從大學生到財經主管沒有一個人不是笑到肚子痛。

但是請注意，讓這些影片如此出色的原因並不是好笑。電視廣告要好笑，也可以讓人打扮成一隻雞，或是把片尾結語改成：「永遠不要對吉姆的二手車說不。」扮成動物的人踢著貨品無論怎樣都好笑，不管那是什麼動物或是什麼產品的廣告。

這幾支電視廣告成功了，而且是有價值傳播的絕佳實例，原因就在於品牌完全被融入故事當中。因此，人們很自然地會在對話中提到熊貓。事實上，要不提到熊貓而且還能讓人聽得懂故事還挺難的，更別說要讓人瞭解為什麼那麼好笑了。所以，這支廣告做到了

把故事中最精采的部分，和品牌名字完美地結合在一起。這不僅增加了人們說故事時提到「熊貓」品牌的機會，即使幾天或幾星期後，他們還是會記得這是什麼產品的廣告。熊貓是這個故事的一部分，是敘述故事時絕對必須說到的部分。

我們在引言中談過的布蘭德科調理機的「這會被攪碎嗎？」影片也是如此。人們在說調理機把iPhone打碎的影片時，不可能不提到調理機；而且要不認出影片中的調理機是布蘭德科生產的想必也很難，因為它實在太厲害了，幾乎無所不摧。這正是布蘭德科想要傳達的形象。

產品訊息融入故事關鍵細節中

在設計能夠廣為風行的內容時，有價值的傳播是非常重要的關鍵。讓創意、理念或希望的利益成為故事敘述的必要部分，就像好看的偵探故事劇情一樣，有些細節是故事敘述的重要關鍵，有些則沒那麼重要。每個嫌疑人在案發當時身於何處？關鍵。偵探在推理案情細節時正在吃什麼當晚餐？沒那麼重要。

同樣地，本書所討論的故事也有細節的重要性差別。以羅恩．班西蒙的奧運跳水為例。跳進泳池？關鍵。線上賭場GoldenPalace.com呢？非常不相干。

細節的重要性各有不同這一點，在人們重述故事時尤其明顯。想想特洛伊木馬屠城記，它已經流傳了數千年，著述幫忙保留了一些細節，人們對故事的瞭解則大多來自聆聽他人的敘述。但在人們重述時，哪些細節會被記得或遺忘，並非恣意而為，而是關鍵的細節會流傳千年，不相干的內容則逐漸被遺忘。

五十多年前，心理學家高頓．奧波特（Gordon Allport）和喬瑟夫．波茲曼（Joseph Postman）曾研究類似議題。他們非常想瞭解謠言的散布是怎麼一回事。故事在被傳遞的過程中，是維持不變還是會改變？如果會改變，那麼謠言的演變有沒有可預測的模式呢？

為了解開這個疑問，他們請受測者玩一個多數人稱之為「電話」的遊戲。首先，拿一張有許多細節的圖片給某人看。其中一張圖是一群人在地鐵車廂中，那是百老匯第八大道線地鐵，正要經過迪克曼街（Dyckman Street），車廂中張貼了各種廣告，有五個人坐著，包括一位抱著嬰兒的母親和一位猶太教士。但照片的焦點是兩名正在吵架的男子，他們是站著的，其中一位指著另一個人，而且手上拿著一把刀。

然後，電話遊戲開始。第一個人（傳遞者）被要求將圖片描述給其他沒看見圖片的人（接收者）聽。他們將有把握的各種細節傳遞下去。然後傳遞者離開房間，再進來另一個人，新進來的人變成接收者，而原本的接收者變成傳遞者，將畫面上的細節分享給沒看過圖片的新接收者聽。然後原來的接收者離開房間，再進來另一個人，如此重複下去到第四、第五，最後是第六個人。然後，奧波特和波茲曼檢視經過這樣一個個傳話到最後，仍被保留下來的故事細節有哪些。

他們發現，資訊內容在每次謠言被分享時都會大幅減少，大約有七成的故事細節在第五至第六次傳遞時就遺失了。

可是，故事並不會因此而變短：**重點或關鍵細節會被強化**。當傳遞經過數十人之後便出現了規律變化，某些特定細節就是會被遺忘，而某些特定細節則始終都會被保留。以地鐵的故事為例，第一位講故事的人提及了所有細節，講出了地鐵可能是百老匯第八大道線地鐵、正要經過迪克曼街，以及車上有幾個人，其中兩人在吵架。

但隨著故事在電話中相傳下去，許多不重要的細節就層層剝落了。人們不再談到地鐵線別或是不是在行進中，反而都把焦點放在吵架上，有個人指著另一個人，並揮舞著刀子。就和偵探故事一樣，人們談論的是關鍵細節，而遺落的是不相干的內容。

如果你想要打造具感染力的內容，試著打造一座你自己的特洛伊木馬。但你要確實考慮到有價值的傳播，要確定你希望人們記得並傳遞出去的資訊，是故事敘述的關鍵。當然，你可以把故事敘述得很好笑、很驚奇或是很有趣。但如果人們到頭來仍然無法聯想到你，那這個故事對你也就沒有什麼幫助了，即使故事傳到人盡皆知也一樣。

所以，打造一座不可思議、可觸發情緒、眾所周知、具實用價值的特洛伊木馬，也別忘了把你的訊息藏在裡面。你要確定你想傳遞的資訊真的融入了故事中，並跟情節緊密結合，以至於讓人說故事時，絕對不能少了它。

EPILOGUE

結語｜平凡人、平凡產品颳起流行「瘋」

問問三個美國女性她們上次在哪裡修指甲，你很有機會聽到至少一位的答案是越南美甲師那兒。關於故事的始末，你聽了可能會大吃一驚。故事始於二十個女人與一組珊瑚紅長指甲。

越裔美甲沙龍席捲加州

在越南故鄉是高中老師的順黎（Thuan Le），於一九七五年來到希望村（Hope Village），除了揹在身上的衣服外，孑然一身。加州首府沙加緬度（Sacramento）外郊的「帳篷城」是西貢淪陷後逃到美國的越南移民集中地，新移民為患的營地同時盈溢著希望與絕望，人們為了讓自己與家人擁有更好的生活而來到美國，但英語不佳嚴重限制了他們的就業機會。

主演希區考克經典驚悚電影《鳥》（*The Birds*）的女星蒂比．海德倫（Tippi Hedren）體察難民苦境，每隔幾天就會到希望村探訪。海德倫希望可以幫助他們，所以擔任起幾位越南女子的導師。她們過去不是事業負責人就是老師或公務員，非常渴望有份工作。海德倫深為這些女性在越南的故事著迷，而她們則注意到了她身上的一件事情：她的美麗指甲。

這些女人很羨慕海德倫光亮的淡粉紅色指甲，所以她每週會帶著美甲師來為她們上課，怎麼修剪甘皮、擦指甲油和去除足繭。她們學得很快，而且直接拿海德倫、自己和身邊每個可以實驗的對象練習。

很快地，有個計畫醞釀成形了。海德倫幫這些女人在附近一所美容學校爭取到免費上課，在那裡她們學會了怎麼使用銼刀、修甲刀和塗指甲油。後來，海德倫在附近幫忙探聽，幫順黎等人在聖塔莫尼卡（Santa Monica）等附近城市找到了工作。

事情一開始並不順利。修指甲並不熱門且競爭激烈，但順黎等人考取了證照並開始做起生意。她們工作認真勤奮，從早做到晚，別人不做的工作也攬下來。這些女人努力不懈，一點一滴攢下辛苦錢，也一步一步嶄露頭角。

看見順黎的成功，她的一些朋友也決定加入美甲師行業。她們開設了一家最早由越裔美國人經營的美甲沙龍，並且鼓勵其他人一起打拚。

很快地，這些成功的故事流傳開來。成千上萬名來美國尋找新機會的越南人聽說了這些故事，並且記取前人成功的經驗。越南人的美甲沙龍開始在沙加緬度各處一間間地開張，然後擴展至加州其他地方，最後是全美各地都找得到。這二十個女人掀起一股時尚潮流，但它很快就有了自己的生命。

今天，加州的美甲師有八〇％是越裔美國人，全美的數字則超過四〇％。

越南人的美甲沙龍變成了一種流行風潮。

新移民獨占利基市場

順黎、海德倫和越南美甲沙龍遍地開花的故事令人驚異，但更令人驚訝的事實是，這種事並不是沒發生過。

其他美國移民族群也有不少獨占利基市場的情形。據估，柬埔寨裔美國人擁有洛杉磯八〇%的甜甜圈店；韓裔擁有紐約市六五%的乾洗店；一八五〇年代，波士頓的酒行有六〇%都是由愛爾蘭人經營；一九〇〇年代初期，美國男士服裝有八五%是猶太人製作的；其他類似例子還有更多。

靜心思考一下，這些故事其實都有脈絡可循。人們移民到一個新國家，開始要找工作。儘管他們過去也許曾經從事各種技術性工作，但移民者在新國家的選擇很有限，除了有語言隔閡，之前的證照或資格毫無用武之地，又不像在故鄉時人脈那麼廣，所以通常會向自己的好朋友或認識的人尋求幫助。

而且就像我們在本書談論的產品、創意或理念一樣，這時候社交身價與口碑就發揮作用了。就業是想找工作的新移民之間常聊的話題（觸發物），所以他們會看看其他新移民找到的都是些什麼工作（曝光），跟他們聊聊有哪些絕佳機會。至於那些已經稍有基礎的移民希望有面子（社交身價），也希望幫助別人（實用價值），所以會興奮地（情緒）談論自己認識的人的成功事蹟（故事）。

很快地，這些新移民便跟隨同鄉的腳步，紛紛從事同一行。

越裔美甲師啟示錄

越南美甲師的故事（和其他移民的職業選擇），突顯了我們在本書所討論的幾個重點。

其一，任何產品、創意、理念和行為都可以蔚為流行。我們談過調理機（「這會被攪碎嗎？」）、酒吧（祕密基地）和早餐麥片（燕麥圈）。有些產品本身就會讓人感到興奮，如特價購物網（璐拉拉）和頂級餐廳（巴克利的一百美元乳酪牛排三明治）；但也有偏離傳統認知而引起廣泛談論的事物，像是玉米（肯恩．克雷格的「玉米鬚去除法」）和網路搜尋（谷歌的「巴黎之愛」）。也涵蓋了產品（iPod的白色耳機）和服務（Hotmail），還有非營利活動（十一鬍子月基金會和「堅強活下去」手環）、健康行為（「男子喝脂肪」）和整個產業（越南裔美甲沙龍），甚至是肥皂（多芬的「演變」）。社會影響力有助於每一種產品、創意或理念掀起流行「瘋」潮。

其二，我們看到「瘋」潮的颳起並非由幾位特別「有影響力」的人士所帶動，而是由產品、創意或理念本身驅動所致。沒錯，每一個偉大的故事中都有位英雄，蒂比．海德倫幫助了一些越南女人學習美甲技術，喬治．萊特想出了「這會被攪碎嗎？」的創意。但儘管這些人創造了「瘋」潮，他們也僅是整幅拼圖中的一小片。

為了闡明傑出或知名人士（所謂的「有力人士」）對社會「瘋」潮的影響力並不如大家所想的那麼大，社會學家鄧肯．華茲（Duncan Watts）用森林之火做了最好的比喻。有些森林之火比其他來得猛烈，但沒有人會說最後的火勢取決於最初起火的大小。猛烈的森林大火並不是猛烈的火源造成的，而是因為後來很多個別的樹木相繼著火，火勢蔓延所致。

廣為風行的產品、創意或理念就像森林之火，如果沒有幾百個、幾千個，甚至幾萬個像你我一樣的平凡人把它們傳播出去，是不可能發生的。

社交身價	我們分享會讓我們有面子的事情。
觸發物	心中想到什麼，往往會脫口而出。
情緒	當人們關心、在意就會分享。
曝光	要壯大，就要被看見。
實用價值	太有用了，人們想不分享都難。
故事	資訊在閒談聊天的偽裝下，傳遞出去。

那麼，為什麼當初會有成千上萬的人傳播這些產品呢？

這就是我們要談的**第三點：有些產品、創意或理念的特色，會讓它們更有可能被人拿出來談論和分享。**為什麼有些東西會流行？你也許會認為那只不過是巧合或運氣好罷了，其實不然。而且，也不是基於什麼神祕的原因。每一種社會「瘋」潮的形成，都具備了相同的六大原則，無論是為了讓人們節省紙張、觀賞一部紀錄片、試用一項服務，或投票給某位參選人，成功的祕訣通通一樣，都必須藉助感染力六大原則（STEPPS）來帶動。

所以，如果我們想讓產品、創意或理念大受歡迎，就必須想辦法使它具備這六個關鍵要素。有時候，這是發生在產品、創意或理念本身的設計。乳酪牛排三明治要價一百美元就能賦予社交身價；瑞貝卡・布萊克的歌曲因為歌名〈星期五〉與每週的最後一天同名，就能經常被觸發聯想；蘇珊大嬸的演出能激發強烈情緒；十一鬍子月基金會將原本私密的行為，利用蓄八字鬍就能使它曝光，為男性癌症募到上百萬美元的捐款；肯恩．克雷格的「玉米鬚去除法」影片就是整整兩分鐘的實用價值。

不過，這六大原則也可以運用於產品、創意或理念的行銷訊息上。布蘭德科的調理機馬力強大，但藉由讓大眾看到它的不可思議性，「這會被攪碎嗎？」系列影片產生了社交身價而讓眾人議論紛紛。奇巧並沒有改變它的產品，但藉由將產品與流行飲料（咖啡）連結，創造出新觸發物，而使人們想到與提到巧克力棒。人們分享先鋒基金的「投資大哉問」，是因為這些電子月報提供了實用價值，但同時也提升了公司本身的口碑。人們分享多芬的「演變」系列廣告，是因為它激發了強烈情緒，但藉由將品牌融入於故事敘述中，多芬也從人們的口耳相傳中受惠良多。

如果你想運用STEPPS架構，可利用下頁的檢查表來檢視你的產品、創意或理念是否具備這六大要素。

依照這六大關鍵原則，甚或只是其中幾個，你就可以利用社會影響力和口碑的力量，

社交身價	人們談論你的產品、創意或理念會很有面子嗎？你找得到內在不可思議性嗎？是否運用了遊戲機制？會讓人覺得像內行人嗎？
觸發物	思考情境。哪些提示會讓人想到你的產品、創意或理念？你可以如何與其他事物產生新的連結，讓人們更常想起它？
情緒	著重於感性訴求。談論你的產品、創意或理念會喚起情緒嗎？你可以如何激發人們的情緒？
曝光	你的產品、創意或理念能自我宣傳嗎？有人使用時，其他人可以看得到嗎？若否，你可以如何化私密為公開？你是否能創造行為痕跡，讓人們就算在使用後，它們仍然持久可見？
實用價值	談論你的產品、創意或理念可以讓人們幫助他人嗎？你可以如何強調東西物超所值，並整合你的知識與專業成為有用的資訊，讓人想把它傳播出去？
故事	你的特洛伊木馬是什麼？你的產品、創意或理念是否融入於更多人想分享的故事中？這個故事不只能廣為流傳，也是有價值的傳播嗎？

打響任何產品、創意或理念的名號並大受歡迎。

最後一個重點：STEPPS架構最棒的部分是，每個人都可以使用它。你不需要龐大的廣告預算、行銷天分或某種「創意」基因。我們所談論的熱門點閱影片和內容，的確都是有人創造出來的，但他們並非全都是名人，或可以在推特上擁有上萬名跟隨者；他們必須仰賴六大關鍵原則之一或更多，才能使他們的產品、創意或理念深具感染力。

霍華・韋恩需要一個讓新餐廳脫穎而出的方法，一個在提高知名度的同時，還能維護巴克利頂級餐廳品牌的方法。一百美元的乳酪牛排三明治真的做到了，它不僅提供了一個不可思議（社交身價）、令人驚訝的（情緒）話題（故事），也成了這家牛排餐廳高級餐點的代表（實用價值）。加上乳酪牛排三明治在費城的普及，提供了現成提示讓人們聯想與談論（觸發物）。這個一百美元的乳酪牛排三明治炒熱話題，成功讓巴克利餐廳掀起「瘋」潮。

喬治・萊特當初幾乎沒有任何廣告預算可用，但他必須找到方法引爆話題，讓廣大群眾開始談論原本不太可能去討論的產品——調理機。經過一番思索，找到自家產品的吸睛特色後，他將它們融入故事敘述中，結果在YouTube上創造上億人次的點閱率，也提高了銷售量。「這會被攪碎嗎？」系列影片不僅讓人大感驚異（情緒），而且不可思議（社交身價）。藉由將產品優點（實用價值）融入更廣泛的應用示範敘述（故事）中，這些短片提供了絕佳的特洛伊木馬，引爆人們討論一件日常生活常見的家電用品，進而讓布蘭德科知名度大增。

普通人加上普通產品、創意或理念，沒關係，利用口碑心理學，都可以讓自家產品、創意或理念脫穎而出。

我們整本書都在探討口碑與社會影響力如何發揮作用的最新知識，如果你遵守STEPPS這六大原則，就可以讓任何產品、創意或理念感染力十足，口耳相傳不停。

BIG 363

瘋潮行銷：華頓商學院最熱門的一堂行銷課！6大關鍵感染力，瞬間引爆大流行【暢銷新裝版】

作者—約拿・博格（Jonah Berger）
譯者—陳玉娥
主編—陳家仁
編輯—黃凱怡
企劃—藍秋惠
封面設計—廖韡
內頁排版—李宜芝
總編輯—胡金倫
董事長—趙政岷
出版者—時報文化出版企業股份有限公司
108019 台北市和平西路三段 240 號 4 樓
發行專線—(02)2306-6842
讀者服務專線—0800-231-705・(02)2304-7103
讀者服務傳真—(02)2304-6858
郵撥—19344724 時報文化出版公司
信箱—10899 臺北華江橋郵局第 99 信箱
時報悅讀網—http://www.readingtimes.com.tw
法律顧問—理律法律事務所 陳長文律師、李念祖律師
印刷—家佑印刷有限公司
初版一刷—二〇一三年五月十七日
三版一刷—二〇二一年六月十一日
三版十二刷—二〇二四年一月十五日
定價—新台幣三八〇元
（缺頁或破損的書，請寄回更換）

時報文化出版公司成立於一九七五年，
並於一九九九年股票上櫃公開發行，於二〇〇八年脫離中時集團非屬旺中，
以「尊重智慧與創意的文化事業」爲信念。

瘋潮行銷：華頓商學院最熱門的一堂行銷課！ 6 大關鍵感染力，瞬間引爆大流行【暢銷新裝版】/ 約拿・博格（Jonah Berger）作；陳玉娥譯 . -- 三版 . -- 臺北市 : 時報文化出版企業股份有限公司 , 2021.06
320 面 ; 14.8 x 21 公分 . --
譯自 : Contagious: Why Things Catch On

ISBN 978-957-13-8958-5 (平裝)

1. 消費者行爲 2. 行銷策略

496.34　　110006679

ISBN 978-957-13-8958-5
Printed in Taiwan